中華教育

U0109014

軍事專家帶你看武器

鍾蘇洪　董玉龍 主編

印務：劉漢舉
排版：陳先英
裝幀設計：龐雅美
責任編輯：楊歌

軍事專家帶你看武器

鍾蘇洪　董玉龍　主編

出版 / 中華教育

香港北角英皇道 499 號北角工業大廈 1 樓 B 室
電話：(852) 2137 2338　傳真：(852) 2713 8202
電子郵件：info@chunghwabook.com.hk
網址：http://www.chunghwabook.com.hk

發行 / 香港聯合書刊物流有限公司

香港新界荃灣德士古道 220-248 號荃灣工業中心 16 樓
電話：(852) 2150 2100　傳真：(852) 2407 3062
電子郵件：info@suplogistics.com.hk

印刷 / 美雅印刷製本有限公司

香港觀塘榮業街 6 號海濱工業大廈 4 字樓 A 室

版次 / 2021 年 12 月第 1 版第 1 次印刷
©2021 中華教育

規格 / 16 開(285mm x 210mm)
ISBN / 978-988-8760-16-9

目　錄

工程裝備

防化裝備

輕武器

艦艇

潛艇

勤務艦船

中國 54 式 122 毫米牽引榴彈炮

火 炮

火炮是以發射藥為能源發射彈丸，口徑在 20 毫米以上的身管射擊武器。

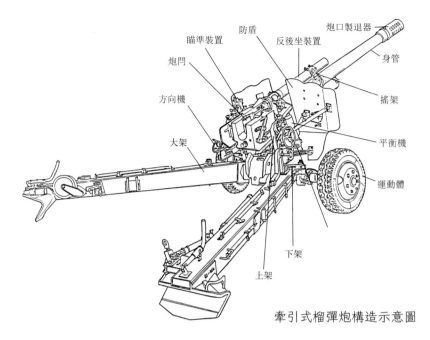

瞄準裝置　防盾　反後坐裝置　炮口製退器

炮閂

方向機

大架

身管

搖架

平衡機

運動體

下架

上架

牽引式榴彈炮構造示意圖

中國 PLZ89 式 122 毫米自行榴彈炮

中國 1959-1 式 130 毫米加農炮

中國 WM-80 型 273 毫米火箭炮

蘇聯「旋風」多管火箭炮

　　約在 13 世紀末，中國已能製造最古老的火炮——火銃。火藥和火器技術西傳以後，火炮在歐洲開始發展。早期的火炮都是前裝滑膛炮。19 世紀中後期出現了後裝線膛炮，線膛炮的採用是火炮發展史上影響深遠的重大變革，此後線膛身管被廣泛使用。第一次世界大戰初期，為對隱蔽目標和機槍火力點射擊，出現了迫擊炮和小口徑平射炮。為對付空中目標，廣泛使用了高射炮。作戰飛機上開始安裝航空機關炮。隨着坦克的使用，坦克炮出現了。牽引火炮和自行火炮的出現，使火炮機動性能大為提高。第二次世界大戰中，由於坦克和其他裝甲目標成為軍隊的主要威脅，出現了使用聚能裝藥破甲彈對坦克進行有效射擊的無坐力炮和威力更大的反坦克炮。

　　火炮是軍隊實施火力突擊的基本裝備。它可對地面、水上和空中目標射擊，殲滅、壓制有生力量，摧毀各種技術兵器、裝甲目標、防禦工事和其他設施。火炮由炮身和炮架組成。炮身由身管、炮尾、炮門和炮口裝置等組成。身管是炮身的主體，用來賦予彈丸初速和飛行方向。線膛炮身管使彈丸旋轉以保持飛行的穩定，滑膛炮的彈丸一般不旋轉。炮尾用來安裝炮門並將身管與反後坐裝置連成一體。炮門用來閉鎖炮膛、擊發炮彈和抽出發射後的藥筒。炮口裝置包括炮口制退器、炮口助退器、消焰器。發射時，彈丸離開炮口瞬間獲得最大速度，並沿着給定彈道飛向目標。炮架由反後坐裝置、搖架、上架、高低機、方向機、平衡機、瞄準裝置、下架、大架和運動體等組成。

中國 1986 年式 100 毫米滑膛反坦克炮

元代至順三年（1332 年）銅火銃

中國 73 式 100 毫米滑膛反坦克炮

滑膛炮

滑膛炮是身管內壁無膛線的火炮。

早期的火炮都是前裝滑膛炮，從炮口裝填彈藥，發射球形實心彈或球形爆炸彈。因滑膛炮的炮彈與炮膛彌合不嚴，造成火藥燃氣外泄，使火藥推力減小，故射程近，射擊密集度差。19 世紀中葉以後，線膛身管在火炮上廣泛使用，滑膛身管僅在迫擊炮、無坐力炮和部分反坦克炮上使用。20 世紀 50 年代以後，滑膛反坦克武器重新受到重視。60 年代以後，各國研製出 90、100、105、115、120、125 毫米口徑的多種滑膛反坦克炮和滑膛坦克炮。一些 100、105、125 毫米的滑膛炮可以發射炮射反坦克導彈，使滑膛炮攻擊遠距離裝甲目標的能力大為提高。中國先後研製了 100 毫米和 120 毫米口徑的滑膛反坦克炮並裝備部隊。

> **73 式 100 毫米滑膛反坦克炮**
>
> 裝備時間：1973 年
> 產地：中國
> 口徑：100 毫米
> 身管長：5450 毫米
> 重量：3630 公斤
> 最大射程：13.7 公里

加農炮

中國 1983 年式 152 毫米加農炮

加農炮是身管長、初速大、射程遠、彈道低伸的火炮。

加農炮主要用於射擊垂直目標、裝甲目標和遠距離目標。16 世紀，有的國家把身管長為 16～22 倍口徑的火炮稱作加農炮。17 世紀 70 年代，將重量在 1800～3630 公斤的火炮稱作加農炮。17 世紀末，把射程大且彈道低伸的火炮稱作加農炮。18 世紀，加農炮身管長為 18～26 倍口徑。19 世紀中期，加農炮改用球形爆炸霰彈。以後又採用後裝線膛式。第一次世界大戰時，加農炮身管長為 30～45 倍口徑。第二次世界大戰時，有的加農炮身管長為 49.5 倍口徑。20 世紀 50 年代，有的加農炮採用活動身管炮身，身管長是口徑的 55 倍。70 年代，有的自行加農炮裝有自動裝填機構，裝彈、送彈全部自動化，提高了射速和機動能力；還裝有封閉式炮塔，具有三防能力。

1983 年式 152 毫米加農炮

裝備時間：1983 年
產地：中國
口徑：155 毫米
身管長：8060 毫米
重量：9.7 噸
最大射程：30 公里

榴彈炮

榴彈炮是一種身管較短、初速較小、彈道較彎曲的火炮。

早期的榴彈炮為發射石霰彈、爆炸彈的滑膛炮。17世紀，歐洲把使用大射角發射爆炸彈的短管火炮稱作榴彈炮。18世紀的榴彈炮，身管長多為7～16倍口徑。第一次世界大戰前，榴彈炮有多種口徑。第二次世界大戰前，身管長達28倍口徑。20世紀60年代，榴彈炮口徑主要有105、122、152、155毫米和203毫米等幾種。90年代，出現了一批性能較好的自行榴彈炮。其中，有的自行榴彈炮的方向機、高低機的操作和輸彈、裝填等動作，均靠液壓動力完成，比較典型的自行榴彈炮有美國的M109A6式「帕拉丁」155毫米自行榴彈炮。為了滿足山地作戰和快速反應部隊作戰的需要，便於牽引和運載的輕型榴彈炮將得到發展。

中國 D-30A 式 122 毫米榴彈炮

「帕拉丁」155 毫米自行榴彈炮

「帕拉丁」155 毫米自行榴彈炮是美軍 1993 年裝備的大威力自行火炮。

「帕拉丁」155 毫米自行榴彈炮又稱 M109A6。它用於向重裝部隊提供間瞄火力支援，是 M109 式 155 毫米自行榴彈炮的最新改進型，採用履帶式底盤。其主要改進措施包括：改進了炮口制退器，採用新式炮閂，改進了擊發機和炮尾；重新設計了藥室和坡膛，改用兩道淺陰膛線，增長了身管；增加了溫度感測器，重新設計了復進筒，改進了駐退筒的密封性能；炮塔採用了改進型裝甲和凱夫拉襯層；安裝了新式火炮驅動伺服裝置；增添了「辛嘎斯」電台和嵌入式試驗設備；採用改進型懸掛系統和被動式夜視系統；改進了電氣與液壓系統；配用了自動化火控系統，安裝了彈道電腦、火炮自動定位裝置和單通道地面與空中無線電系統，可利用「阿法茲」系統與其他的目標探測和武器系統相連接。

「帕拉丁」155 毫米自行榴彈炮

裝備時間：1993 年
產地：美國
口徑：155 毫米
身管長：6045 毫米
重量：28.8 噸
最大射程：24~30 公里

美國「帕拉丁」155 毫米自行榴彈炮

「凱撒」155 毫米 自行榴彈炮

法國「凱撒」155 毫米自行榴彈炮

「凱撒」155 毫米自行榴彈炮是 21 世紀初研製的無炮塔式自行火炮。

「凱撒」155 毫米自行榴彈炮的空運和公路機動能力強，可作為快速反應部隊的火力壓制裝備。其主體結構由一門155毫米身管炮（通常安裝 52 倍口徑身管）、TRF1155 式牽引炮的炮架和「奔馳」U2450L 型 6×6卡車組成。火控系統採用模塊式 結 構，由 CS2002–G 型 火控電腦、自動瞄準裝置、「西格瑪」30 型導航定位系統、GPS全球定位接收機、RBD4 型初速測定雷達、實時數據傳輸設備，以及備用的手動光學瞄準鏡、液壓方向機和高低機等組成。車上裝有半自動裝填機，配有炮用顯示器，可顯示方位角、射角、彈種、引信、裝藥等資訊，自動數據傳輸系統還可接收上級火力單位、炮位偵察雷達和偵察機發出的信息。炮架、駕駛艙、彈藥艙及射擊穩定器均選用鋁合金和複合材料製作。

「凱撒」155 毫米自行榴彈炮

裝備時間：2008 年
產地：法國
口徑：155 毫米
身管長：8060 毫米
重量：18.5 噸
最大射程：42 公里

加農榴彈炮

加農榴彈炮是兼有加農炮和榴彈炮彈道特性的火炮。簡稱加榴炮。

19 世紀中期，人們把既能發射實心彈又能發射爆炸彈的輕型火炮稱為加榴炮。20 世紀 20 年代，人們將野戰加農炮的炮身裝在野戰輕型榴彈炮的炮架上，稱作「兩用炮」。20 世紀 30 年代，人們將加農炮的長炮身裝在高低射界為 −2°～ +65°的炮架上，稱作榴彈 – 加農炮。20 世紀 50 年代，人們將榴彈炮炮身裝在高低射界為 −5°～ +45°的炮架上，稱作加農 – 榴彈炮，有的人將這類火炮仍稱作榴彈炮或加農炮。加農榴彈炮用於射擊遠距離目標和破壞堅固的工程設施。其基本結構與加農炮和榴彈炮類同。當用大號裝藥和小射角射擊時，彈道低伸，可遂行加農炮的任務；當用小號裝藥和大射角射擊時，彈道較彎曲，可遂行榴彈炮的任務。現代加農榴彈炮配用的彈種與榴彈炮相似，一般為分裝式彈藥。

中國 1966 年式 152 毫米加農榴彈炮

1966 年式 152 毫米
加農榴彈炮

裝備時間：1966 年
產地：中國
口徑：152 毫米
身管長：4240 毫米
重量：5720 公斤
最大射程：17.4 公里

迫擊榴彈炮

迫擊榴彈炮是兼有迫擊炮和榴彈炮彈道性能的火炮。簡稱迫榴炮。

迫榴炮是由迫擊炮演變來的。美國1957年研製的M98式107毫米迫榴炮，採用迫擊發射。蘇聯在20世紀80年代初研製的2S9式120毫米自行迫榴炮，有輕裝甲防護，採用炮尾裝填。此後蘇聯研製了牽引型2B16式120毫米迫榴炮，還將2S9式120毫米自行迫榴炮的炮塔安裝在BTR–80（8×8）兩棲裝甲輸送車底盤上，命名為2S23式120毫米輪式自行迫榴炮。1995年俄羅斯研製成2S31式120毫米履帶式自行迫榴炮，裝備裝甲步兵、空降兵和海軍陸戰隊。其炮塔與車體為全焊接鋁裝甲結構，車內有三防裝置，火控系統包括彈道電腦、可見光直瞄和間接瞄準鏡、1P51型像增強夜間觀瞄鏡、1D22C型激光測距機兼目標指示器、自動導航定位定向系統和隨動系統；利用後部兩側下方的噴水器可在水中行進。

2S9 式 120 毫米自行迫榴炮

裝備時間：1984 年
產地：蘇聯
口徑：120 毫米
身管長：1800 毫米
重量：8500 公斤
最大射程：8.8 公里

蘇聯 2S9 式 120 毫米自行迫榴炮

「諾那-CBK」120 毫米自行迫榴炮

「諾那-CBK」120 毫米（履帶式）自行迫榴炮是 20 世紀 70 年代研製的自行火炮。「諾那」意譯為「九度音」。

「諾那-CBK」120 毫米自行迫榴炮有 2S9 和 2S23 兩種型號。2S9 是一種帶全封閉式炮塔的履帶式自行火炮，1981 年裝備蘇軍地面部隊、空降師和海軍陸戰隊，曾在阿富汗戰場上使用，已結束生產。2S23 是在 2S9 基礎上研製的「諾那」系列迫榴炮中的最新型號，是一種輪式自行火炮，1986 年開始研製，1990 年開始裝備部隊。2S9 的底盤由 BMD 履帶式傘兵戰車底盤改進而成。車內裝有三防裝置、履帶拉緊裝置、車底離地高變換裝置及通風設備等。採用半自動裝填裝置，人工裝彈，自動輸彈，炮尾後部設有擋彈板。2S23 的車體是在 BTR–80 輪式裝甲輸送車 8×8 底盤基礎上改進而成。採用新型 2A60 式火炮，由身管、炮尾、炮閂和閉鎖機構、自動輸彈機、搖架、反後坐裝置、高低機和方向機等組成。

「諾那-CBK」120 毫米（輪式）自行迫榴炮

裝備時間：1990 年
產地：蘇聯
口徑：120 毫米
身管長：2904 毫米
重量：14.5 噸
最大射程：12.8 公里

「諾那-CBK」120 毫米（輪式）自行迫榴炮

迫擊炮

迫擊炮是用座鈑承受後坐力發射迫擊炮彈的曲射火炮。

　　早期的迫擊炮是從臼炮演變來的，發射球形彈丸，用於對隱蔽目標曲射。1904～1905年日俄戰爭中，俄軍使用了艦炮改製的迫擊炮。第一次世界大戰末期，英國人W.斯托克斯研製成口徑為76.2毫米的「斯托克斯」迫擊炮，1917年裝備協約國部隊。第二次世界大戰初期，105～120毫米的中口徑迫擊炮和160毫米以上的大口徑迫擊炮在摧毀堅固工事中顯示了威力。迫擊炮主要配用殺傷爆破彈和特種彈，用於殲滅、壓制有生力量和技術兵器，破壞鐵絲網等障礙物。迫擊炮由炮身、炮架、座鈑和瞄準具組成。其中，炮身尾端由裝有擊針的炮尾密閉。有的擊針是固定的，有的擊針在彈簧作用下可以伸縮。座鈑通常為圓形、矩形、三角形或梯形。

炮架由托架、緩衝機、螺杆式瞄準機和腳架組成。

德國「鼬鼠」120毫米自行迫擊炮

美國 M270 式多管火箭炮

M270 式多管火箭炮

M270 式多管火箭炮是 1983 年裝備美軍的 227 毫米 12 管履帶式自行火炮。

M270 式多管火箭炮用於裝備軍、師炮兵，實施縱深打擊，殲滅有生力量，壓制集羣裝甲目標、炮陣地和指揮所等。它主要由發射車、發射箱和火控系統等組成。發射車為 M993 式高機動、輕型裝甲履帶車。發射箱一次可裝入 2 個火箭彈發射 / 存儲器，或同時裝入一個發射 / 存儲器和一枚陸軍戰術導彈。火控系統主要由火控面板、火控裝置、改進型電子裝置、吊杆控制器、檢測器和穩定基準儀 / 定位系統、有效載荷介面裝置、程式輸入裝置和通信處理機組成。可以發射火箭彈和陸軍戰術導彈。美國陸軍於 1992 年開始對 M270 進行了兩項改進：改進火控系統，提高攻擊機動目標的速度；改進機械部分。改進後的型號為 M270A1 式多管火箭炮。

M270 式多管火箭炮

裝備時間：1983 年

產地：美國

口徑：227 毫米

全長：6972 毫米

戰鬥全重：25 噸

最大射程：40 公里

高射炮

高射炮是從地面對空中目標射擊的火炮，簡稱高炮。

中國 57 毫米牽引高炮　曹勵雲　攝

第一次世界大戰前夕，德國和法國首先研製出高射炮。第二次世界大戰中使用較多的有 20、37、40、50 毫米等小口徑高射炮和 85、88、90 毫米等中口徑高射炮，還使用了少量大口徑高射炮。20 世紀 60~70 年代，作戰飛機為避開地空導彈的火力，多採取低空突防的方式，各國因此發展了口徑在 20~40 毫米的多種小口徑高射炮，並大力發展自行高射炮，提高機動性能，縮短戰鬥準備時間，提高反應速度。

80 年代以後，高射炮多與探測跟蹤裝置、火控電腦結成一體，構成獨立的高射炮系統，顯著提高了獨立作戰能力。90 年代以後，發展了新型彈藥，增大了高射炮的威力。採用數字式火控系統和隨動裝置，配用自動瞄準具，火力反應更為迅速。

必要時，高射炮也可用於對地面目標或水面目標射擊。它是高射武器系統的重要組成部分。炮身長，初速大，射速快，射擊精度高。高射炮的構造和原理與一般火炮類同。現代小口徑高射炮均為自動炮。它利用炮身自身運動的力量、炮膛內火藥燃氣壓力或炮上其他動力自動完成重新裝填和發射的全部動作。大中口徑高射炮有的裝有半自動炮閂和裝填機構，可自動開門、退殼；有的裝有全自動炮閂和裝填機構，可連續自動裝填炮彈和發射；多數裝有引信測合機，自動裝定時間引信值。

高射炮的構造不同，瞄準方式也不相同，一般有自動瞄

高射炮兵通信：裝配電台的自行高炮

準、對針瞄準、半自動瞄準和直接瞄準四種方式。自動瞄準時，射擊諸元（指標尺、高低、方向等火炮打擊目標所需的各種技術參數）由配用的火控計算機確定，隨動裝置使炮身自動瞄向目標的未來點；對針瞄準時，射擊諸元由火控計算機確定，炮手操作高低機和方向機實施瞄準；半自動瞄準時，射擊諸元由高射瞄準具確定，炮手操作半自動瞄準儀實施瞄準；直接瞄準時，射擊諸元由高射瞄準具確定，炮手操作高低機和方向機實施瞄準。

高射炮將進一步提高初速、射速、精度和自動化水平，以抗擊導彈、直升機、無人駕駛飛機等多種目標；將有更先進的彈炮結合防空武器列裝，進一步提高抗擊飽和攻擊能力、機動能力和生存能力；研發新概念、新能源、新原理的高射炮。

防空兵戰術 —— 高射炮兵對空射擊

意大利「西達姆」25 毫米 4 管自行高射炮

「獵豹」35 毫米自行高炮

聯邦德國「獵豹」35 毫米自行高炮

> 「獵豹」35 毫米自行高炮
> 是聯邦德國 1965 年研製
> 的雙管 35 毫米自行火炮。

「獵豹」35 毫米自行高炮用於對付低空目標和地面輕型裝甲目標。它系統自動化程度高、戰場機動性好、抗干擾能力強、具有裝甲防護和三防能力，能獨立作戰和全天候作戰，但造價高、結構複雜、維修保養困難，不能行進間射擊，不便於空運。其由 KDA–L/R04 式雙管自動炮、火控系統、GPD 炮塔和改裝的「豹」I 坦克底盤組成。它還配有導航儀、水平自動測量儀、三防設備、紅外觀察儀和紅外駕駛儀等。跟蹤雷達採用單脈衝多普勒體制，可同時跟蹤多個目標，光學瞄準具為獨立瞄準線式潛望瞄準鏡。

「獵豹」35 毫米自行高炮

裝備時間：1973 年
產地：聯邦德國
全長：7.7 米
口徑：35 毫米
射速：1100 發 / 分
最大射程：12000 米

GDF-003 式 35 毫米高炮

瑞士 GDF-003 式 35 毫米高炮

GDF-003 式 35 毫米高炮是瑞士軍隊 20 世紀 80 年代裝備的雙管 35 毫米牽引式火炮。

GDF–003 式 35 毫米高炮用於對付低空近程目標。除裝備瑞士陸軍外，它還出口其他國家。其採用雙管 KDC 或 35 毫米自動炮，配用一部「防空衛士」火控系統，可全天候作戰。它可單炮射擊和集火射擊，也可遙控操作。其操作方式有自動、半自動和手動三種。雙管自動炮上裝有 GSK M3 式光學目標瞄準具和校準光學系統，「防空衛士」火控系統由搜索雷達、跟蹤雷達、電視跟蹤裝置、計算機、中央控制台、數據傳輸裝置和電源組成，用於搜索、跟蹤和識別空中目標，判定目標威脅程度，計算射擊諸元，遙控雙管炮射擊。數字式電腦用於分析目標的威脅程度，控制全炮的工作狀態。

GDF-003 式 35 毫米高炮

裝備時間：20 世紀 80 年代
產地：瑞士
全長：7.8 米
口徑：35 毫米
射速：2×500 發 / 分
有效射程：4000 米

「博菲」40 毫米 高射炮

「博菲」40 毫米高射炮是瑞典軍隊1979 年裝備的40 毫米單管牽引式火炮。

　　「博菲」40 毫米高射炮用於對付近距離低空與超低空目標，掩護點目標和行軍縱隊。其抗干擾能力強，可全天候作戰。它由改進的 L/70 式 40 毫米自動炮、光電火控系統、跟蹤雷達及彈藥組成。其採用一體化配置，構成獨立作戰的火力單位。它裝有液壓瞄準裝置，採用彈夾供彈。除配有普通榴彈、穿甲彈、脫殼穿甲彈外，它還配有專門研製的近炸引信預製破片彈和薄壁榴彈。光電火控系統主要由光學瞄準具、激光測距機和計算機組成。跟蹤雷達為單脈衝體制，它根據光電火控系統傳送來的數據識別、捕獲和跟蹤目標，把目標的距離和方位角信息送往光電火控系統。

瑞典「博菲」40 毫米高射炮

「博菲」40 毫米高射炮

裝備時間：1979 年
產地：瑞典
全重：5700 公斤
口徑：40 毫米
射速：300 發 / 分
有效射程：3700 米

中國 74 式雙管 37 毫米高炮

中國 74 式雙管 37 毫米高炮是 1974 年設計定型投入生產的牽引式輕型火炮。

中國 74 式雙管 37 毫米高炮主要用於射擊 3500 米以下的空中目標，也可對地面或水上目標射擊。它是在仿製單管 37 毫米高炮及 65 式雙管 37 毫米高炮的基礎上改進設計而成的。

隨動系統的設計提高了雙管 37 毫米高炮的自動化程度，該系統同雷達、指揮儀及柴油發電機配合使用，把雙管 37 毫米高炮變成全天候的武器系統，使火炮能根據指揮儀輸出的射擊諸元，連續自動地跟蹤快速空中目標，並實施射擊；增加了左右防盾板，防盾板上部可摺疊放低；高低機增裝射角指示分割盤，採用差動機構；方向機增裝方位角指示分割盤；增設兩個儲彈箱，每個儲彈 40 發；另配有漏斗兩個，共容 30 發彈。

中國 74 式 37 毫米雙管高炮　潘升堂攝

中國 74 式雙管 37 毫米高炮

裝備時間：1979 年
產地：中國
全重：3100 公斤
口徑：37 毫米
射速：205～240 發 / 分
有效射程：3500 米

中國 10 式裝甲輸送車　吳蘇琳　攝

裝甲車輛

裝甲車輛是具有裝甲防護的戰鬥車輛及其保障車輛。

　　裝甲車輛是現代陸軍的重要裝備和地面作戰的主要突擊兵器。按推進裝置，它分為履帶式裝甲車輛和輪式裝甲車輛兩類。履帶式裝甲車輛越野機動性好，防護性和承載能力強，但推進裝置重量大、效率低、維修費用高、對路面破壞程度大。輪式裝甲車輛公路機動性好、油耗低、噪聲小、壽命長、使用經濟性好、適於長途機動，但越野通行能力和承載能力不如履帶式裝甲車輛。

　　按作戰使用，它分為裝甲戰鬥車輛和裝甲保障車輛。裝甲戰鬥車輛是裝有武器、直接用於戰鬥的裝甲車輛。按用途，它分為突擊戰鬥車輛、火力支援車輛和偵察指揮車輛。裝甲保障車輛是裝有專用設備和裝置，主要用於保障坦克及其他戰鬥車輛戰鬥行動的車輛。按用途，它分為工程保障車輛、技術保障車輛和後勤保障車輛。

　　第一次世界大戰中，坦克出現在戰場上，並顯示出良好的發展前景。與此同時，裝甲輸送車、自行火炮、裝甲搶救車等多種裝甲車輛相繼誕生，裝甲車族開始形成。第二次世界大戰期間，以坦克和自行火炮為代表的裝甲車輛獲得了快速發展，大量裝備部隊並投入戰爭中。同時，各種裝甲車輛也獲得了發展，形成一個龐大的裝甲車族。戰後，一批新的裝甲車輛，如步兵戰車、導彈發射車等，充實到裝甲車輛中去，使得各種戰鬥車輛和保障

美國 M2A3 步兵戰車

車輛形成體系。在現代化戰場
上，隨着火力密度增加，作戰
縱深加大，一些原來不加裝甲
防護的車輛，也有裝甲化的趨
勢，使裝甲車輛的品種不斷增
加。現代裝甲車輛不僅裝備陸
軍的各兵種，而且也裝備空降
兵和海軍陸戰隊。

瑞士「鋸脂鯉」III輪式裝甲車

美國 M113A3 裝甲輸送車

M1 主戰坦克

美國 M1A1HA 主戰坦克

M1 主戰坦克是美軍 1981 年裝備的裝甲戰鬥車輛。

M1 主戰坦克

裝備時間：1981 年
產地：美國
全重：54.5 噸
乘員：4 人
最大速度：72.4 公里 / 時
最大行程：498 公里

M1 主戰坦克又稱「艾布拉姆斯」坦克，是以美軍將領 W. 艾布拉姆斯的姓氏命名的。除裝備美軍外，它還出口中東地區。其有 M1、M1A1、M1A2 和 M1A2 SEP 等型號。M1 主戰坦克主要武器為一門 105 毫米線膛炮。輔助武器為一挺 12.7 毫米機槍和 2 挺 7.62 毫米機槍。火控系統為指揮儀式，具有夜間和行進間對運動目標射擊的能力。動力裝置採用燃氣輪機。傳動裝置採用自動變速箱。懸掛裝置為獨立扭杆式。M1A1 主戰坦克於 1985 年製成，主要改進是採用 120 毫米滑膛炮和貧鈾穿甲彈。參加海灣戰爭的美軍坦克主要是 M1A1 主戰坦克。M1A2 主戰坦克 1991 年製成，曾在伊拉克戰爭中使用。M1A2 SEP 主戰坦克是在 M1A2 主戰坦克基礎上改進而成，主要改進是安裝新型車長顯示器、全球定位系統接收機等。

T-84 主戰坦克

T-84 主戰坦克是烏克蘭莫洛佐夫設計局 1993 年研製、馬雷舍夫坦克廠生產的裝甲戰鬥車輛。

T-84 主戰坦克

裝備時間：1993 年
產地：烏克蘭
全重：46 噸
乘員：3 人
最大速度：65 公里／時
最大行程：540 公里

　　除裝備烏克蘭軍隊外，它還出口巴基斯坦。T–84 主戰坦克主要武器為一門 125 毫米滑膛炮。其採用自動裝彈機供彈。輔助武器為一挺 7.62 毫米並列機槍和一挺 12.7 毫米高射機槍。它採用 1A45 指揮儀式火控系統，具有在行進中對運動目標射擊的能力，並具有較高的首發命中率。發動機橫置，傳動裝置採用雙側變速箱，有 7 個前進擋和一個倒擋，懸掛裝置為扭杆式。車體和炮塔採用複合裝甲，炮塔為焊接結構，外表面鑲嵌反應裝甲。車上裝有「窗簾」——主動防護系統。車內裝有三防裝置和滅火抑爆裝置。

烏克蘭 T-84 主戰坦克

T-90 主戰坦克

俄羅斯T-90主戰坦克

T-90 主戰坦克是俄羅斯烏拉爾車輛製造廠生產，1994 年裝備俄軍的裝甲戰鬥車輛。

T-90 主戰坦克還出口印度等國家。它的主要武器為一門 125 毫米滑膛炮，配裝自動裝彈機，可發射尾翼穩定脫殼穿甲彈、破甲彈、殺傷爆破彈、定時引信榴霰彈和激光制導的反坦克導彈。輔助武器為一挺 7.62 毫米機槍和一挺 12.7 毫米高射機槍。它採用穩像式綜合火控系統，在行進間對運動目標具有較高的首發命中率。動力裝置採用水冷增壓多種燃料發動機，傳動裝置採用雙側變速箱，有 7 個前進擋和一個倒擋，懸掛裝置採用扭杆式。車首和炮塔正面採用複合裝甲及最新的反應裝甲，車體前部兩側也裝有反應裝甲，以加強對重點部位的防護。車上裝有「窗簾」——主動防護系統。車內裝有三防裝置和自動滅火抑爆裝置。

T-90 主戰坦克

裝備時間：1994 年
產地：俄羅斯
全重：46.5 噸
乘員：3 人
最大速度：60 公里／時
最大行程：550 公里

「挑戰者」主戰坦克

「挑戰者」主戰坦克是英國維克斯防務系統公司生產，1983 年裝備英國陸軍的裝甲戰鬥車輛。

「挑戰者」主戰坦克還出口阿曼等國家。有Ⅰ型、Ⅱ型和ⅡE型等型號。「挑戰者」Ⅰ主戰坦克主要武器為一門120毫米線膛炮。火控系統為擾動式。發動機為渦輪增壓水冷柴油機。傳動裝置採用自動變速箱。懸掛裝置為液氣式。車體和炮塔正面60度範圍內採用「喬巴姆」裝甲。在海灣戰爭中使用。「挑戰者」Ⅱ主戰坦克是「挑戰者」Ⅰ主戰坦克的改進型。它採用了L30型120毫米線膛炮、TN54全自動變速箱、「喬巴姆」裝甲、新型火控系統和增強了頂部防護能力的新炮塔等。火控系統是M1A1坦克火控系統的改進型，為指揮儀式。在 2003 年的伊拉克戰爭中使用。「挑戰者」ⅡE主戰坦克在「挑戰者」Ⅱ主戰坦克基礎上改進而成，為出口型，採用德國 MTU 歐洲動力裝置。

英國「挑戰者」Ⅱ主戰坦克

「挑戰者」主戰坦克

裝備時間：1983 年
產地：英國
全重：62 噸
乘員：4 人
最大速度：72 公里／時
最大行程：550 公里

「勒克萊爾」主戰坦克

「勒克萊爾」主戰坦克是法國地面武器工業集團生產，1992年裝備法國陸軍的裝甲戰鬥車輛。它以法軍將領J.-P. 勒克萊爾的姓氏命名。

「勒克萊爾」主戰坦克已出口阿聯酋等國家。有Ⅰ、Ⅱ、Ⅲ三種型號。「勒克萊爾」Ⅰ型主戰坦克主要武器為一門120毫米滑膛炮。輔助武器為一挺12.7毫米並列高射機槍和一挺7.62毫米機槍。火控系統為指揮儀式，具有夜間和行進間對運動目標射擊的能力。動力裝置採用超高增壓柴油機。傳動裝置為液力機械式。懸掛裝置為液氣式。其車體和炮塔採用模塊化裝甲，便於修理和更換。車上裝有三防裝置、滅火抑爆裝置、激光報警裝置、能發射誘餌彈的「加利克斯」干擾系統等。「勒克萊爾」Ⅱ型主戰坦克安裝了空調系統，提高了環境適應性，車體上部的裝甲稍有變動。「勒克萊爾」Ⅲ型主戰坦克採用增強型戰場管理系統、新型火警探測與滅火系統、戰場敵我識別系統等。

「勒克萊爾」主戰坦克

裝備時間：1992年
產地：法國
全重：54.5噸
乘員：3人
最大速度：72公里／時
最大行程：550公里

法國「勒克萊爾」Ⅰ型主戰坦克

「豹」II主戰坦克

聯邦德國「豹」II A6 主戰坦克

有「豹」II A1、A2、A3、A4、A5 和 A6 等多種改進型。「豹」II A1 主戰坦克主要武器為一門 120 毫米滑膛炮。火控系統為指揮儀式，具有全天候作戰能力和行進間對運動目標射擊的能力。動力裝置為 1100 千瓦的渦輪增壓水冷多種燃料發動機，傳動裝置採用液力機械變速箱，有 4 個前進擋和 1 個倒擋。懸掛裝置採用扭杆式。車體和炮塔為複合裝甲結構，車內採用隔艙化結構。「豹」II A5 主戰坦克於 20 世紀 90 年代初研製成功。主要是在炮塔內表面安裝了防崩落襯層，炮塔正面安裝了呈尖楔狀的防護組件。1998 年，「豹」II A6 主戰坦克面世，換裝了 55 倍口徑的長身管 120 毫米滑膛炮。

「豹」II 主戰坦克是聯邦德國克勞斯·瑪菲公司和馬克公司生產的裝甲戰鬥車輛。1979 年裝備部隊，還出口荷蘭、瑞士、奧地利、西班牙、丹麥、挪威、芬蘭、波蘭和瑞典等國家。

「豹」II 主戰坦克

裝備時間：1979 年
產地：聯邦德國
全重：55.15 噸
乘員：4 人
最大速度：72 公里 / 時
最大行程：550 公里

「梅卡瓦」主戰坦克

「梅卡瓦」主戰坦克是以色列軍械機械廠生產，1979年裝備以軍的裝甲戰鬥車輛。

「梅卡瓦」主戰坦克有 I 型、II 型、III 型、IV 型四種型號。「梅卡瓦」I 型主戰坦克主要武器為一門 105 毫米線膛炮。輔助武器為一門 60 毫米迫擊炮，另有 3 挺 7.62 毫米機槍。火控系統為擾動式。採用風冷柴油機、液力機械式傳動裝置、螺旋彈簧式懸掛裝置和液壓減振器。車體和炮塔採用間隔式複合裝甲，車內有三防裝置、自動滅火抑爆裝置。「梅卡瓦」II 型主戰坦克主要改進有：在車體和炮塔正面增裝一層特種裝甲，炮塔後部加裝金屬掛鏈，火控系統為指揮儀式等。「梅卡瓦」III 型主戰坦克採用 120 毫米滑膛炮。車體和炮塔主要部位採用可更換的模塊化複合裝甲。「梅卡瓦」IV 型主戰坦克火控系統具有更強的目標探測和跟蹤能力。採用德國 MTU 發動機和 RK325 自動傳動裝置。

「梅卡瓦」主戰坦克

裝備時間：1979 年
產地：以色列
全重：63 噸
乘員：4 人
最大速度：46 公里 / 時
最大行程：400 公里

以色列「梅卡瓦」IV 型主戰坦克

「阿瓊」 主戰坦克

「阿瓊」主戰坦克是印度戰車研究院 1974 年開始研製的裝甲戰鬥車輛。

1984 年生產出首部樣車，以後又生產了 I 型和 II 型樣車。「阿瓊」I 型主戰坦克和 II 型主戰坦克的動力裝置現均採用功率為 1029 千瓦的德國 MTU 水冷柴油發動機。傳動裝置採用自動變速箱，有 4 個前進擋和 2 個倒擋。懸掛裝置為液氣式。主要武器為一門 120 毫米線膛炮。輔助武器為一挺 7.62 毫米並列機槍和一挺 12.7 毫米高射機槍。火控系統為指揮儀式，由激光測距儀、彈道計算機、熱像儀、氣象感測器、車長周視瞄準鏡、全球定位系統組成。車體採用軋製裝甲鋼板製成，車首和炮塔採用印度自行研製的「坎昌」新型複合裝甲，車內裝有三防裝置和自動滅火抑爆裝置。

印度「阿瓊」I 型主戰坦克

「阿瓊」主戰坦克

裝備時間：2010 年以後少量
　　　　　裝備印軍

產地：印度

全重：58.5 噸

乘員：4 人

最大速度：72 公里 / 時

最大行程：200 公里

90 式主戰坦克

90 式主戰坦克是日本三菱重工業公司 1974 年研製，1991 年裝備自衛隊的裝甲作戰車輛。

90 式主戰坦克主要武器為一門 120 毫米滑膛炮，輔助武器為一挺 7.62 毫米並列機槍和一挺 12.7 毫米高射機槍。火控系統為指揮儀式，其反應時間僅有 4~6 秒，比常規火控系統的反應時間縮短 50%。動力裝置採用日本三菱公司的二衝程水冷渦輪增壓柴油機。配用帶靜液轉向機構的自動變速箱，可實現無級轉向。懸掛裝置為混合式，前部兩對和後部兩對負重輪採用液氣懸掛裝置，中間兩對負重輪採用扭杆懸掛裝置，使車底距地高在 0.2~0.6 米的範圍內可調。車體和炮塔採用日本研製的複合裝甲，車上裝有三防裝置、滅火抑爆裝置和激光探測報警裝置。

日本 90 式主戰坦克

90 式主戰坦克

裝備時間：1991 年
產地：日本
全重：50 噸
乘員：3 人
最大速度：75 公里 / 時
最大行程：350 公里

中國 99 式主戰坦克

99 式主戰坦克

99 式主戰坦克是中國
兵器工業總公司生產，
1999 年裝備部隊的裝甲
作戰車輛。

99 式主戰坦克主要武器
為一門 125 毫米滑膛炮，採用
自動裝彈機，發射尾翼穩定脫
殼穿甲彈、破甲彈和殺傷爆破
彈。輔助武器為一挺 12.7 毫米
高射機槍和一挺 7.62 毫米並
列機槍。火控系統為穩像式，
動力裝置採用水冷渦輪增壓柴
油機。

99 式主戰坦克

裝備時間：1999 年
產地：中國
全重：50 噸
乘員：3 人
最大速度：65 公里 / 時
最大行程：450 公里

兩棲突擊車

兩棲突擊車是用於登陸作戰的履帶式輕型裝甲戰鬥車輛。

美國 AAAV 兩棲突擊車

裝備時間：2006 年
產地：美國
陸上最大速度：72 公里／時
水上最大速度：46 公里／時
陸上行程：643 公里
水上行程：123 公里

兩棲突擊車用於裝備兩棲機械化部隊和海軍陸戰隊，用於沿海地區登陸作戰，以及內陸江河、湖泊地區機動作戰，實施由艦到岸輸送兵員和物資。它由武器系統、推進系統、防護系統、電氣設備和通信設備等組成。武器系統有火炮、機槍、火控系統等，推進系統有動力裝置、傳動裝置、操縱裝置、行動裝置和水上推進裝置等，防護系統有裝甲殼體、特種防護裝置、迷彩偽裝等。20 世紀 30 年代，美國研製出 LVT1 履帶式登陸車。20 世紀 50～70 年代，美國研製出 LVTP5、LVTP7 履帶式登陸輸送車，用於裝備美國海軍陸戰隊兩棲突擊營。80 年代，美海軍陸戰隊裝備的 LVTP7 全部進行改裝，改型車稱為 AAV7 兩棲突擊車。2003 年，美國研製出 AAAV 兩棲突擊車。

美國 AAAV 兩棲突擊車

美國 AAV7 兩棲突擊車

空降戰車

空降戰車是配有專用傘降系統，能空運空投的裝甲戰鬥車輛。

空降戰車主要裝備空降部隊，用於執行快速突擊任務。它通常為履帶式，由武器系統、推進系統、防護系統、電氣設備和通信設備、空降設備等組成。武器系統有火炮或導彈發射裝置和觀瞄裝置等，推進系統有動力裝置、傳動裝置、操縱裝置、行動裝置等，防護系統有裝甲防護和特種防護等，空降設備包括傘降系統和緩衝系統。20世紀60年代以前，以輕型坦克作為空降戰車使用。1970年蘇聯軍隊開始裝備 BMD–1 空降戰車，配有噴氣式傘降制動系統，用安 –22 和伊爾 –76 飛機空運空投。1985年蘇軍裝備了 BMD–2 空降戰車。1990年，蘇聯和德國分別研製成功 BMD–3 空降戰車和「鼬」1 空降戰車。

蘇聯 / 俄羅斯 BMD-2 空降戰車

德國「鼬」2 空降戰車

德國「鼬」2 空降戰車

裝備時間：1994 年
產地：德國
全重：4100 公斤
車長：4.2 米
最大速度：70 公里 / 小時
最大行程：550 公里

M2「布雷德利」步兵戰車

M2「布雷德利」步兵戰車是美國食品機械與化學公司生產的履帶式裝甲作戰車輛。以美國陸軍上將O.N.布雷德利的姓氏命名。

M2「布雷德利」步兵戰車

裝備時間：1983 年
產地：美國
全重：22.59 噸
乘員：3 人
最大速度：66 公里／時
最大行程：483 公里

　　M2「布雷德利」步兵戰車有 M2A1、A2、A3 步兵戰車等型號。M2 步兵戰車主要武器為一門 25 毫米鏈式機關炮。輔助武器為一挺 7.62 毫米並列機槍。炮塔上裝有一具雙管「陶」反坦克導彈發射器。動力裝置採用水冷渦輪增壓柴油機。配用靜液式機械傳動裝置、扭杆懸掛裝置和液壓減振器。水上行駛靠浮渡圍帳和履帶划水。車體採用鋁合金裝甲板焊接而成，炮塔正面和頂部採用鋼裝甲。M2A1 步兵戰車配備了「陶」2 反坦克導彈。M2A2 步兵戰車改進了裝甲防護和動力裝置。M2A3 步兵戰車主要以數字化戰場的作戰需求進行了改進，其火控系統具有自動跟蹤目標的能力，安裝的車際信息系統使其乘員之間、本車與友鄰之間具有信息交換和信息共享的能力。

美國 M2A3 步兵戰車

BMP-3 步兵戰車

BMP-3 步兵戰車

BMP-3 步兵戰車是蘇聯 20 世紀 80 年代末研製的履帶式裝甲作戰車輛。

BMP-3 步兵戰車

裝備時間：1992 年
產地：俄羅斯
全重：18.7 噸
乘員：3 人
陸上最大速度：70 公里 / 時
水上最大速度：10 公里 / 時

BMP-3 步兵戰車於 1992 年裝備俄羅斯摩步師、海軍陸戰隊。BMP-3 步兵戰車由圖拉設計院設計、庫爾干機械製造廠生產。除裝備俄羅斯軍隊外，它還出口阿聯酋、科威特、賽浦路斯和韓國等國家。其主要武器為一門 100 毫米兩用線膛炮。輔助武器有一門 30 毫米機關炮和 3 挺 7.62 毫米的機槍。火控系統為穩像式，由彈道計算機、炮長瞄準鏡、車長瞄準鏡、激光測距儀、火炮雙向穩定器、微光夜視儀和各種感測器等組成。動力－傳動裝置後置採用水冷柴油機。傳動裝置採用液力機械變速箱，懸掛裝置為扭杆式。車體和炮塔採用鋁合金裝甲焊接結構，車體前部為雙層底甲板，炮塔前弧處為間隔鋼裝甲板。新型車還裝有「競技場」主動防護系統。車內裝有集體式三防裝置。

英國「武士」步兵戰車

「武士」步兵戰車

「武士」步兵戰車是英國 GKN 防務公司生產，1987 年裝備英國陸軍的履帶式裝甲戰鬥車輛。除裝備英軍外，還出口科威特等國家。

「武士」步兵戰車的主要武器為一門 30 毫米「拉登」線膛炮。輔助武器為一挺 7.62 毫米並列機槍。車上無射擊孔。發動機為 8 缸水冷渦輪增壓柴油機。配用液力機械傳動裝置、扭杆懸掛裝置和液壓減振器。車體為焊接結構，炮塔由軋製裝甲板和鑄造裝甲板組成，車內有集體式三防裝置，炮塔兩側各裝 4 具煙幕彈發射器。出口型「沙漠武士」步兵戰車，採用 LAV25 炮塔，裝一門 20 毫米機關炮，車體前面和兩側裝有附加裝甲，表面塗有黃色基調的沙漠迷彩。變型車有裝甲輸送車、炮兵觀察／指揮車、裝甲搶救車、反坦克導彈發射車、裝甲佈雷車和裝甲掃雷車等。

「武士」步兵戰車

裝備時間：1987 年
產地：英國
全重：24 噸
乘員：3 人
最大速度：75 公里／時
最大行程：500 公里

「黃鼠狼」1步兵戰車

「黃鼠狼」1步兵戰車是聯邦德國萊茵金屬公司和馬克公司聯合生產，1971年裝備德軍的履帶式步兵戰車。

「黃鼠狼」1步兵戰車有A1、A2、A3等改進型。它的主要武器為一門20毫米機關炮。輔助武器為7.62毫米並列機槍和7.62毫米遙控機槍各一挺。火控系統由火炮瞄準裝置、武器遙控裝置和觀瞄裝置等組成。載員室每側有2個球形座射擊孔，載員可通過射擊孔向車外射擊。發動機為一台渦輪增壓水冷柴油機，採用液力機械傳動裝置和扭杆懸掛裝置。車體為鋼裝甲板焊接結構，車內有集體式三防裝置、自動滅火裝置，炮塔頂部裝有煙幕彈發射器。「黃鼠狼」1A1步兵戰車安裝了帶探測儀的微光夜視儀等。「黃鼠狼」1A2步兵戰車用熱像儀代替微光夜視儀，取消了尾部的遙控機槍。「黃鼠狼」1A3步兵戰車安裝了間隔式附加裝甲。

德國「黃鼠狼」1A3步兵戰車

「黃鼠狼」1步兵戰車

裝備時間：1971年
產地：聯邦德國
全重：28.2噸
乘員：4人
最大速度：75公里／時
最大行程：520公里

CV90 步兵戰車

CV90 步兵戰車是瑞典赫格隆車輛公司和博福斯公司聯合研製，1993 年裝備瑞典陸軍的履帶式裝甲戰鬥車輛。

CV90 步兵戰車除裝備瑞典軍隊外，還出口挪威、瑞士和芬蘭等國家。它的主要武器為一門 40 毫米機關炮。輔助武器為一挺 7.62 毫米並列機槍，炮塔前部兩側各裝有 6 具煙幕彈發射器。車的尾門上有一個射擊孔，供車內人員實施射擊。動力裝置採用渦輪增壓中冷柴油發動機。傳動裝置採用全自動變速箱。發動機與變速箱採用一體化設計，更換簡便，裝、卸各需 15 分鐘。懸掛裝置採用扭杆式。車上裝有浮囊式浮渡設備，充氣後可浮渡。車體和炮塔為軋製鋼裝甲焊接結構，車體外部裝有附加裝甲，炮塔內表面裝有「凱芙拉」防崩落襯層。車內裝有集體式三防裝置和滅火抑爆裝置。出口型配裝 30 毫米機關炮，稱為 CV9030 步兵戰車。

CV90 步兵戰車

裝備時間：1993 年
產地：瑞典
全重：22.6 噸
乘員：3 人
最大速度：70 公里 / 時
最大行程：300 公里

瑞典 CV90 步兵戰車

89 式步兵戰車

89 式步兵戰車是日本三菱重工業公司生產，1989 年裝備日本陸上自衛隊的履帶式步兵戰車。

89 式步兵戰車主要武器為一門 35 毫米機關炮。輔助武器有位於炮塔兩側的 2 具 79 式反坦克導彈發射器和一挺 7.62 毫米並列機槍。炮塔兩側各裝有 4 具煙幕彈發射器，可發射煙幕彈。載員室共設有 7 個球形座射擊孔，步兵可用步槍進行射擊。火控系統由炮長瞄準鏡、激光測距儀、熱像儀、車長瞄準鏡、炮長直接瞄準鏡和操縱裝置等組成。發動機為 6 缸水冷增壓柴油機，配用液力機械傳動裝置，有 4 個前進擋和 2 個倒擋。懸掛裝置採用獨立扭杆式。車體和炮塔採用鋁合金裝甲焊接結構，車體前部和炮塔正面採用間隔裝甲，車體兩側裝有 5 毫米厚的裙板。車內有個體式三防裝置。

日本 89 式步兵戰車

89 式步兵戰車

裝備時間：1989 年
產地：日本
全重：26 噸
乘員：3 人
最大速度：70 公里 / 時
最大行程：400 公里

中國 86 式步兵戰車

86 式步兵戰車

86 式步兵戰車是中國於 20 世紀 80 年代生產的履帶式裝甲戰鬥車輛。

86 式步兵戰車主要用於協同坦克作戰，也可獨立遂行戰鬥任務。86 式步兵戰車主要武器為一門 73 毫米低膛壓滑膛炮，裝有自動裝彈機。輔助武器有一挺 7.62 毫米並列機槍和一具可發射「紅箭」73 反坦克導彈的發射架。載員室後面及兩側設有 9 個球形座射擊孔，步兵可在車內射擊。乘員配有主動式紅外夜間觀瞄儀器，具有夜戰能力。動力裝置採用水冷柴油機，傳動裝置採用固定軸式機械變速箱；水上靠履帶划水行駛。車內裝有集體式三防裝置。

86 式步兵戰車

裝備時間：1986 年
產地：中國
全重：13.3 噸
乘員：3 人
最大速度：65 公里／時
最大行程：510 公里

美國「斯特賴克」裝甲輸送車

裝甲輸送車

裝甲輸送車設有乘載室，主要用於戰場上輸送步兵的裝甲戰鬥車輛。

　　裝甲輸送車除輸送步兵外，也可輸送物資器材，必要時還可用於戰鬥。通常它被裝備到機械化步兵班。其由推進系統、武器系統、防護系統、通信設備和電氣設備等組成。車內分駕駛室、動力室、戰鬥室和載員室，駕駛室位於車體前部左側，動力室位於右側，戰鬥室位於中部。車上裝有機槍，有的還裝有小口徑機關炮。載員室位於後部，車尾有較寬的車門，多為跳板式，便於載員迅速上下車。多數裝甲輸送車可水上行駛，用履帶或車輪划水，也可以用螺旋槳和水上推進器推進。1918 年，英國利用菱形坦克研製出第一輛履帶式裝甲輸送車。20 世紀80年代以後，裝甲輸送車發展迅速，已成為陸軍的重要裝備之一，主要車型有美國的 M113A3 裝甲輸送車和「斯特賴克」裝甲輸送車等。

美國 M2A3「布雷德利」步兵戰車

裝甲偵察車

裝甲偵察車裝有偵察設備，主要用於實施地面偵察的裝甲戰鬥車輛。

　　裝甲偵察車具有戰場觀察、目標搜索、識別、定位、處理和傳輸能力。現代裝甲偵察車一般裝有大倍率光學潛望鏡、電視攝像機、熱像儀、激光測距儀、雷達定位定向、資訊處理和資訊傳輸設備等。大倍率光學潛望鏡和電視攝像機主要用於能見度良好的夜間進行偵察，並具有電視自動跟蹤能力。熱像儀主要用於夜間偵察。激光測距儀的誤差一般為 5 米。雷達可全天候實施偵察，具有多目標自動跟蹤能力。定位定向設備通常由全球衛星定位裝置和慣性定位定向裝置組成。信息處理設備由計算機等組成，可對偵察到的目標與圖像進行採集、存儲和疊加屬性、數量、時間、坐標等。信息傳輸設備由微波電視傳輸設備和電台組成，可將偵察到的資訊及時傳遞給其他作戰單元。

裝甲指揮車

裝甲指揮車裝有指揮設備，用於實施作戰指揮的裝甲車輛。

裝甲指揮車用於裝備機械化部隊，作為移動指揮所。它的基本結構與其他輕型裝甲車輛類同，車上通常裝有供指揮員、參謀人員和勤務人員作業使用的電台、車內通話器、計算機、導航儀、觀察儀器及指揮控制作業圖板等。在車輛停止時，指揮員可通過遙控裝置使用車上電台實施指揮。輔助發電機用來給車上蓄電池充電。在固定地點實施指揮時，可在車尾部架設帳篷，構成車外工作室。第一次世界大戰期間，英國利用IV型坦克，裝上兩部無線電報設備，改裝成裝甲指揮車，用於作戰指揮。法國用「雷諾」FT–17 坦克改裝成 T.S.F 裝甲指揮車。第二次世界大戰期間，為了解決坦克和機械化部隊的作戰指揮，英、美、德、法等國家用裝甲車改裝成指揮車。

中國 81-1 式裝甲指揮車

中國 81-1 式裝甲指揮車

裝備時間：1980 年

產地：中國

全重：13 噸

乘員：3 人（車長、駕駛員、副駕駛員）

載員：7 人（2 指揮員、3 參謀、2 警衛）

最大速度：60 公里／時

俄羅斯 BREM 裝甲搶救車

裝甲搶救車

裝甲搶救車是裝有救援搶修設備的裝甲技術保障車輛。

　　裝甲搶救車用於對淤陷、戰損和故障車輛施救，也可用於現地修理及道路整修、路障排除、挖掘掩體等工程作業。其主要裝備裝甲機械化部隊的技術保障分隊。它的基本結構與其他裝甲車輛類同。車上主要設備有搶救絞盤、起吊設備、牽引裝置、推土鏟／駐鋤等專用救援設備。有的還有發電機、焊接與切割設備、充電機、專用修理工具及部分修理器材等。車上通常裝有自衞武器。第一次世界大戰期間的裝甲搶救車多由坦克改裝而成。第二次世界大戰期間的裝甲搶救車，開始主要依靠搶救車車鈎進行牽引搶救作業，後來出現安裝絞盤和起吊設備的裝甲搶救車。20 世紀 70 年代以後，裝甲搶救車廣泛採用液壓技術，提高了總體性能和技術保障作業效率。

俄羅斯 BREM 裝甲搶救車

裝備時間：無
產地：俄羅斯
全重：18.7 噸
乘員：3 人
最大速度：70 公里／時
最大行程：600 公里

裝甲救護車

裝甲救護車是備有制式醫療設備、器材和藥品的裝甲後勤保障車輛。

　　裝甲救護車用於戰時救護和運送傷員，主要裝備機械化部隊的後勤分隊。它有履帶式裝甲救護車和輪式裝甲救護車兩種。車內設有救護艙，艙內可容納臥姿重傷員2～4人，或坐姿輕傷員3～8人。車內還備有急救性處置和外科手術所需的醫療器械和藥品。其能進行急救處置，有的還可進行外科手術。20世紀40年代，一些國家在裝甲輸送車基礎上改製成裝甲救護車，如德國在SdKfz251半履帶式裝甲輸送車基礎上研製成SdKfz251/8傷患運送車。20世紀50年代，美國用M59水陸裝甲輸送車改裝成裝甲救護車，車內可放置6副擔架。60年代以後，許多國家發展了多種輪式和履帶式裝甲救護車。

德國「狐」式裝甲救護車

裝甲架橋車

裝甲架橋車是裝有制式車轍橋及其架設、撤收裝置的裝甲工程保障車輛。

裝甲架橋車又稱坦克架橋車或架橋坦克。它用於在敵火力威脅下快速架橋，保障坦克和其他車輛越障。其主要裝備機械化部隊的工兵分隊。車上裝有車轍橋、架設和撤收裝置、驅動和電氣控制系統等。橋體多由高強度鋁合金、合金鋼或其他高強度輕質材料製成。多數平推式裝甲架橋車前端裝有推土鏟，架橋時用於支撐和穩定車體，必要時可用於清除路障。備用的車轍橋由專用拖車輸送。1918 年，英國利用 V 型坦克底盤製成架橋車的樣車，採用前置式橋，安裝在車首。第二次世界大戰期間，一些國家的軍隊先後裝備了用坦克底盤改裝的架橋車，主要有前置式、翻轉式和跳板式三種。70～80 年代，聯邦德國和蘇聯研製了多節平推式裝甲架橋車，美國研製了剪刀式裝甲架橋車。

英國「酋長」裝甲架橋車

中國海軍陸戰隊兩棲裝甲破障掃雷車進行搶灘登陸演練　廖志勇　攝

工程裝備

工程裝備是軍隊用於遂行（軍事術語：意為執行）工程保障任務的技術支撐。

工程裝備通常主要分為渡河橋樑裝備、路面裝備、軍用工程機械、偽裝裝備、地雷及佈掃雷裝備、爆破裝備、陸軍水雷、工程偵察裝備、野戰給水裝備、電工器材及成套裝配式工事構件等。①渡河橋樑裝備。包括舟橋裝備、固定橋裝備、兩棲渡河車輛，以及衝鋒舟、橡皮舟等，用於克服江河、溝谷障礙。②路面裝備。包括機械化敷設路面器材、人工或機械敷設的構件式路面等，用於快速克服泥濘、鬆軟地面和江河岸淺灘障礙。③軍用工程機械。包括野戰工程機械、軍用建築機械、輔助工程機械等，主要用於實施工程作業。④偽裝裝備。包括迷彩、遮障、發煙、模擬、干擾偽裝裝備及單兵偽裝裝備，用於人員、武器裝備、軍事工程設施及其他重要目標的偽裝。⑤地雷及佈掃雷裝備。用於設置地雷場或開闢通路。⑥爆破裝備。包括炸坑器、爆破穿孔器、爆破筒、制式藥塊及起爆器等，主要用於加快工程構築、克服障礙物和實施破壞作業。⑦陸軍水雷。包括抗登陸水雷和江河水雷，用於在近岸淺水海域和江河湖泊中構成水雷區。⑧工程偵察裝備。包括工程偵察車和探雷裝備等，用於獲取工程保障資訊。⑨野戰給水裝備。包括水源偵察、鑽井、汲水、淨水、輸運水、貯水、配水等裝備，用於偵察水源，構築給水站。⑩電工器材。包括發供電設備、充放電裝置和電動作業機具，用於野戰條件下保障指揮所用電和實施工程作業。⑪成套裝配式工事構件。包括結構構件、遮彈設備、防護設備、內部設備、裝配機具及整裝車載工事，用於快速構築工事。

中國機械化橋和衝擊橋

中國 GSL130 型履帶式綜合掃雷車

中國古代兵書《六韜‧虎韜》中記載，在春秋戰國時期，軍隊就有了「飛橋」「天潢」「飛江」等渡河器材，拒馬、鐵蒺藜等障礙器材和多種土木工作業工具。北宋咸平三年（1000年），中國最早應用火藥製成了蒺藜火毬。13 世紀初，蒙金戰爭中金軍使用了爆炸性武器——震天雷（又稱鐵火砲），到明代永樂十年（1412年），在焦玉著的《火龍神器陣法》中記有各種地雷的製法。17 世紀，法國軍隊裝備了制式舟橋器材。18～19 世紀，許多國家開始裝備和使用工程機械，並出現了用猛炸藥和雷管製成的爆破裝備。在兩次世界大戰中，各主要參戰國都廣泛使用各類工程裝備。

20 世紀 60 年代以後，工程裝備發展迅速，工程作業能力、機械化和自動化程度及防護性能明顯提高。典型的裝備有帶式舟橋、衝擊橋、戰鬥工程車、快速機動佈雷系統、工程偵察車、綜合掃雷車、多波段偽裝網等。

為適應核威懾條件下信息化局部戰爭的需要，工程裝備的發展趨勢主要有：①發展高速度、自動化工程裝備，如新一代高速自行式渡河橋樑器材、機械化路面器材、戰鬥工程車和開路機等，以滿足部隊快速機動的需要。②發展高效率、多功能工程裝備，如新一代多用工程車、多波段偽裝裝備、快速機動佈雷裝備、快速構築野戰工事的機械和成套工事構件等，以提高工程作業速度。③研究人工智能在工程裝備中的應用，如研製用於探雷、掃雷和可以在水下或受污染地段作業的機器人，研製智能地雷和智能戰鬥警戒系統等，以應對複雜、多變的惡劣戰場環境。④針對未來戰爭作戰樣式的變化，從工程保障的整體需要出發，制定工程裝備發展方針和長遠發展規劃，使各類工程裝備全面、協調發展，提高工程兵部隊的綜合工程保障水平。

衝鋒舟

衝鋒舟是供步兵分隊強渡江河使用的輕便制式渡河器材。

　　衝鋒舟又稱突擊舟、強擊艇，屬制式渡河橋樑器材。它可用於水上通信、偵察、巡邏和救生，有的還可用作浮橋和門橋的橋腳舟。舟體用硬質材料製作並可摺疊的衝鋒舟又稱摺疊舟。舟體用橡膠布製作的衝鋒舟是橡皮舟的一種。硬質材料製作的衝鋒舟舟體常為開口式，多用玻璃纖維增強塑料（玻璃鋼）製作，也有的用鋁合金、膠合板等製作。其組成部分主要有舷板、艉板、底板和裝配件。有的設有防沉隔艙。摺疊舟還有舟艏板、撐杆、撐板等。衝鋒舟具有航速高、操作簡便、機動性好等特點。在水上多用操舟機作動力，也可用槳划行；在陸上用載重汽車載運。

中國 GDQ111 型班用衝鋒舟

橡皮舟

橡皮舟是以橡膠布作為舟體基本材料、充氣後成型的輕便制式渡河器材。

舟底剛性而舟舷為柔性充氣浮筒的稱為剛性底橡皮舟。其可作為偵察舟、衝鋒舟和橋腳舟使用。它主要用於步兵分隊強渡江河、江河偵察、通信聯絡、巡邏、救護和結合門橋、架設浮橋等。橡皮舟通常由舷筒、掛機板、舟底、龍骨、艙底板等組成，並配有附件。舷筒由隔艙分為若干獨立的氣室，各氣室設有進氣閥和安全閥。附件有打氣筒、槳、急救塞和修理工具等。舟體骨架材料常用錦綸、滌綸或芳綸織物，主體膠料常用氯丁橡膠或氯磺化聚乙烯橡膠。橡皮舟的特點是重量輕，操作簡便，航行速度快，便於存放和運輸。在水上通常用操舟機作動力，也可用槳划行；在陸上用汽車運輸。

中國 GDQ210 型偵察橡皮舟

生產時間：1975 年
產地：中國
尺寸：3.15 米 ×1.3 米 × 0.38 米
質量：28 公斤
載重：420 公斤
充氣時間：8 分鐘

中國 GDQ210 型偵察橡皮舟

機械化橋

機械化橋是由車輛載運、架設和撤收,並帶有固定橋腳的成套制式渡河橋樑器材。

機械化橋主要用於在敵直瞄火力威脅不到的小河或溝渠上架設低水橋,還可架成水面下橋,或與舟橋器材結合使用,架成混合式橋樑。一套器材由數輛橋車組成。橋車包括橋樑構件(含橋腳)、基礎車、專用工具及輔助設備。其可多跨或單跨架設。多跨架設採用分節架設法,在前一橋節架設完畢後,後面一輛橋車即駛上已架好的橋節,架設下一橋節。其特點是架設、撤收迅速,機動性好,所需作業人員少,使用範圍較廣。按所架橋樑的載重量,分為輕型和重型兩種;按行走裝置形式,分為輪式和履帶式;按架設方式,分為翻轉式、剪刀式和平推式。

中國 GQL110 型重型機械化橋

防坦克地雷

防坦克地雷是用於毀傷坦克和其他車輛的武器。

防坦克地雷通常由雷殼、裝藥、引信及輔助機構組成，用於佈設防坦克地雷場或地雷羣，阻滯機械化部隊的行動。防坦克地雷按其破壞目標的部位，分為：①反履帶雷。主要用以破壞坦克和其他車輛的行走部分，使之失去機動能力。②反車底雷。用以擊穿坦克底甲，破壞其內部設備和殺傷乘員，使之失去機動能力或戰鬥能力。③兩用雷。具有破壞車底和履帶雙重戰鬥功能的地雷。④反側甲雷。通常佈設在道路兩旁，用以攻擊坦克側甲。⑤反頂甲雷。該防坦克地雷是一種尋的地雷，用以攻擊坦克薄頂甲。法、英、德聯合研製的「塔蘭特爾」面防禦地雷，是一種智能地雷。通過遙感裝置使地雷跳至空中，自動搜尋目標，確認係攻擊目標時，地雷爆炸形成自鍛彈丸攻擊坦克的頂部。

中國 GLD224 型反坦克車底地雷

中國 GLD230 型反坦克側甲地雷

防步兵地雷

防步兵地雷是用於殺傷徒步人員的武器。

　　防步兵地雷又稱殺傷人員地雷。它通常由雷殼、裝藥、引信組成，用以構成防步兵地雷場或地雷羣，阻滯步兵行動，殺傷有生力量，給人員造成心理恐懼。它也可與防坦克地雷一起構成混合地雷場。防步兵地雷有爆破型和破片型兩種。爆破型防步兵地雷是通過裝藥爆炸生成的爆炸產物和衝擊波的直接作用殺傷人員。通常其配用壓發或鬆發引信，主要殺傷直接踏雷人員。破片型防步兵地雷是利用裝藥爆炸後產生的飛散破片或鋼珠殺傷有生力量，通常配用拉發（或絆發）引信，也有的配用壓發、鬆發、觸發引信或由人員操縱起爆的電發火引信。單個地雷的殺傷半徑為數米至數十米。中國是世界上最早使用地雷的國家，至遲在 16 世紀中葉出現了用鋼輪發火的觸發防步兵地雷。

中國 69 式防步兵跳雷

中國 72 式防步兵地雷

中國 69 式防步兵跳雷

裝備時間：1969 年
產地：中國
全重：1.35 公斤
尺寸：φ61×114 毫米
主裝藥種類：TNT
主裝藥重量：0.105 公斤

陸軍水雷

陸軍水雷是陸軍在近海淺水水域或江河、湖泊中使用的水中武器。

陸軍水雷可用人工、船艇、火箭和飛機佈設，構成陸軍水雷區，以毀傷船艇或兩棲登陸車輛，遲滯敵方行動。它一般由雷殼、裝藥、引信、發火裝置、輔助儀錶和定深裝置組成。雷殼通常為球形、半球形、圓柱形、圓台形、橢圓形或扁圓形。其由鋼、鋁合金或玻璃鋼製成。裝藥一般採用梯恩梯、鈍化黑索今或含鋁混合炸藥。引信有觸發引信、近炸引信、時間引信和操縱引信等。發火裝置一般由起爆管、傳爆管和插柄組成，是起爆水雷的傳爆裝置。新型陸軍水雷一般把發火裝置、保險器設計成一個帶有隔離保險的部件，通常稱為安全發火裝置。輔助儀錶有專用的保險器、定時器、定時滅雷器、定次器和防拆裝置。定深裝置有錨系水雷的自動定深裝置和漂雷的尋深裝置。

中國 74 式錨系水雷

意大利 MANTA 沉底水雷

意大利 MANTA 沉底水雷

裝備時間：20 世紀 80 年代
產地：意大利
全重：225 公斤
彈徑：490 毫米
彈長：470 毫米
引信裝置：磁感應／水聲引信

中國 GBL112 型火箭佈雷車

火箭佈雷車

火箭佈雷車是裝有佈雷火箭彈發射裝置，專門用於實施火箭佈雷的裝備。

火箭佈雷車由基礎車、發射裝置和火箭佈雷彈組成。它主要用於快速、機動撒佈地雷。基礎車有輪式和履帶式兩種。發射裝置由點火控制裝置、定向器、瞄準具和操縱機構等組成。火箭佈雷彈由火箭發動機、穩定裝置和戰鬥部組成。戰鬥部包括雷艙、開艙引信、風帽和可撒佈地雷或陸軍水雷。發射裝置的定向器一般為管式，也有軌式或籠式。整車一次可以撒佈防坦克地雷或防步兵地雷數百枚。

中國 GBL131 型拋撒佈雷車

拋撒佈雷車

拋撒佈雷車是利用機械或火藥拋撒方式快速佈設地雷的裝備。

拋撒佈雷車用於機動佈設防坦克地雷場、防步兵地雷場或混合地雷場。按拋撒方式，它分為機械拋撒佈雷車和火藥拋撒佈雷車兩種。機械拋撒佈雷車的佈雷裝置安裝在拖車上，主要由驅動裝置、雷艙和拋雷機構等組成。火藥拋撒佈雷車主要由基礎車、佈雷裝置、佈雷彈、控制裝置等組成。當實施佈雷作業時，控制裝置可以對佈雷彈進行檢測並根據要求裝定地雷自毀時間，根據設定的佈雷密度控制佈雷彈定時或定距發射佈設雷場。

GBL131 型履帶式拋撒佈雷車

裝備時間：20 世紀 90 年代
產地：中國
全重：20 噸
最大車速：65 公里 / 時
最大行程：500 公里
佈雷密度：0.5～2 枚 / 米

機械佈雷車

中國 GBL120 型自動佈雷車

機械佈雷車是裝有機械佈雷裝置，專門用於佈雷的車輛。

機械佈雷車主要用於預先佈雷，構築防坦克地雷場。它一般由底盤車、儲雷架（艙）、佈雷槽、輸送機構、雷距控制機構、犁刀及覆土機構等組成。拖式機械佈雷車的特點是：供雷（地雷從儲雷架運到佈雷槽）須由作業手搬運，而輸雷、控制雷距、解脫保險、挖溝、埋雷等過程則為機械化作業。

自動式機械佈雷車的佈雷過程全部為機械化作業。機械佈雷車能精確控制佈雷列距和間距，嚴格按規定的正面、縱深和具體位置佈設雷場。機械佈雷車佈雷間隔均勻，佈雷成本低、速度快，受到許多國家軍隊的重視。

GBL120 型履帶式自動佈雷車

裝備時間：20 世紀 70 年代
產地：中國
全重：25 噸
雷距：3 米、4 米、5 米
作業速度：252 個雷 /15～20 分鐘
最大行駛速度：45 公里 / 時

便攜式淨水器

便攜式淨水器是由單兵攜帶、為班排提供飲用水的淨水器材。

便攜式淨水器主要用於淨化渾濁水，淡化海水、苦鹹水，也可用於淨化染有化學毒劑、生物戰劑和放射性物質的水。它具有結構簡單、使用方便和淨水性能穩定等特點，受到世界多國軍隊的重視和廣泛使用。中國 NJY2202 型輕便型淨水裝置，主要用於淨化渾濁水，可為一個建制排提供一天的正常飲用水。該淨水裝置採用了先進的膜分離技術，工藝合理，性能可靠，淨水能力強，無須電源和投加任何化學藥劑，一次淨化即可使渾濁度在 500 度以下的地表渾濁水達到戰時飲用水水質標準。俄軍研製的 NF–30 便攜式篩檢程式，用於淨化含天然雜質、化學毒劑、放射性物質、生物戰劑的水和純化自來水。該套篩檢程式包括帶手搖泵的篩檢程式、貯水桶及全套備件、工具、附件。

中國 NJY2202-150 輕便型淨水裝置

中國 NJY2202-150 輕便型淨水裝置

研製時間：2002 年
產地：中國
全重：10.90 公斤
最大出水量：150 升／時

防化裝備

防化裝備是對核武器、化學武器、生化武器襲擊實施防護的裝備和防化發煙、燃燒、防暴裝備的統稱。其中，專門用於防核、化學、生化武器的裝備又稱三防裝備。

核監測裝備是用於對核武器襲擊實施核爆炸監測與核輻射監測的裝備。化學偵察裝備是用於對化學武器襲擊實施毒劑偵檢的裝備。生物偵察裝備是用於對生物武器襲擊實施生物戰劑檢驗的裝備。個人防護裝備是用於個人防禦放射性灰塵、毒劑和生物戰劑的直接傷害，保護人員呼吸道和皮膚的安全，進行個人預防與急救的裝備。集體防護裝備是用於在遭核、化學、生物武器襲擊時，保證人員在工事、帳篷、車輛、飛機和艦船艙室等空間內，不使用個人防護器材仍能正常活動，免受污染與傷害的裝備。洗消裝備是用於對染有毒劑、放射性物質和生物戰劑的人員、裝備、工作環境和水源等實施消毒、消除和滅菌，使受染對象避免或減輕傷害的裝備。發煙裝備是用於施放發煙劑，形成人工固態或液態的氣溶膠，對光電產生吸收和散射作用，衰減光電信號，降低敵方光電武器作戰效能，遮蔽重要目標，掩護部隊行動的裝備。燃燒裝備是用於噴射、拋灑、爆炸燃燒劑，形成燃燒效應，利用高溫、火焰、煙霧和缺氧造成人員傷害，燒毀武器裝備與設施裝備。防化防暴裝備是用於直接噴灑、發射並爆炸刺激劑、染色劑的裝備。防化指揮裝備是用於收集、分析和處理核、化學、生物偵察所獲信息，估算遭受襲擊所造成的瞬時效應和延期效應，給出對各類人員、各種裝備和工程設施的毀傷程度、戰場環境影響範圍，向指揮控制系統報告相關數據，指導部隊實施防化保障的裝備。防化技術保障裝備是用於在野戰條件下對防化裝備實施維護、檢測和修理，使防化裝備始終處於完好狀態的裝備。

防化裝備按使用對象，還可分為各軍種、兵種均可使用的通用防化裝備和專供某一軍種或兵種使用的專用防化裝備兩大類。以資訊技術為核心的高新技術的迅猛發展，將促使防化裝備向數字化方向發展，並極大地增強防化裝備對核、化學、生化武器的防護能力與煙火支援能力，在未來戰爭中更有效地發揮防化保障作用。

英國輕型 LCD-3 化學毒劑檢測儀

目視核爆炸觀測儀 ➡

核監測裝備是探測核爆炸和核爆炸產生的核輻射，預測和評估其毀傷效應的裝備的總稱。

核爆炸監測系統

核監測裝備

①核爆炸監測裝備。從目視觀測、手動估算單一核爆炸探測裝備及核估算裝備發展到利用電子、遙感和計算機技術的自動核爆炸監測裝備，進而發展成能在核爆炸瞬間立即將各種數據傳遞到指揮機構的自動化系統。②核輻射監測裝備。已由電子管組成測量電路和電表顯示的核輻射監測裝備，發展成由大規模集成電路組成測量系統和數字顯示的核輻射監測裝備，由微型計算機組成可進行自動、快速、大面積監測的車載式、艦載式和機載式核輻射監測裝備；由只能測量γ剩餘核輻射劑量的核輻射監測裝備發展為既能測量早期核輻射又能測量剩餘核輻射，既能測量γ輻射又能測量中子輻射劑量的核輻射監測裝備。

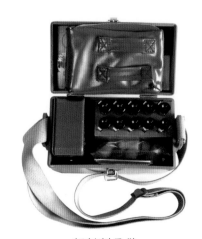

輻射劑量儀

核監測裝備

袖珍式核監測裝備
便攜式核監測裝備
車載式核監測裝備
地面固定式核監測裝備
機載式核監測裝備
星載式核監測裝備

化學偵察裝備

化學偵察裝備是用於發現毒劑並查明毒劑種類和染毒情況的各種防化裝備的總稱。

化學偵察裝備的基本結構形式有袖珍式、便攜式、機動式和固定式等。這些裝備小到單兵攜帶的偵毒包、手持探測器等簡易化學偵察裝備，大到供艦艇、裝甲車輛、機場和大型工事等使用的核化生偵察車、移動式分析檢測實驗室等。根據裝備類型及不同要求，化學偵察裝備主要採用：①物理方法。有光學方法、電離方法等。②物理化學方法。利用毒劑的化學能轉變為電能的原理，通過對電流的測量檢測毒劑。③化學方法。利用毒劑與特定化學試劑反應後，生成的不同顏色、沉澱、熒光或產生的電位變化偵檢毒劑。④生物化學方法。應用毒劑與某些生物活性物質的特殊反應鑒別毒劑。

芬蘭手持型 ChemPro100
化學毒劑檢測儀

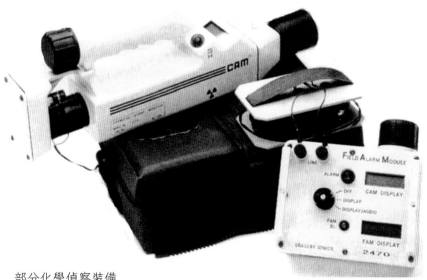

部分化學偵察裝備

化學偵察裝備

化學觀察裝備
化學報警裝備
化學偵毒裝備
化學監測裝備
化學化驗裝備

生物偵察裝備是採集生物戰劑樣品和鑒定生物戰劑種類及其污染程度的各種儀器和器材的總稱。

生物偵察裝備

生物偵察裝備用於檢測環境中的生物戰劑並根據需要進行報警。基於生物技術的生物偵察裝備主要有：①生物戰劑檢驗箱。②免疫測定儀。③生物戰劑檢測器。④生物戰劑鑒定系統（RAPID）。⑤生物一體化偵檢系統（BIDS）。⑥生物戰劑點測裝置——聯合生物戰劑點測系統（JBPDS）。基於物理方法及其他技術的生物偵察裝備主要有：①生化質譜儀。②遠程生物戰劑遙測系統。③聯合生物遙感／早期報警系統（JBREWS）。生物偵察裝備從生物化驗和檢驗車發展到集成

美國生物戰劑鑒定系統

化的鑒定系統，從單純的生物學方法擴展到紅外、激光、質譜等多種現代化檢測技術與手段，從單點檢測發展到多點檢測、計算機控制的多方位、集成化、遙測檢測系統。

生物偵察裝備

生物戰劑氣溶膠偵察儀
生物戰劑採樣箱
生物戰劑檢驗箱
生物戰劑檢驗車
生物戰劑鑒定系統

呼吸器

呼吸器是防止有害健康的粉塵、毒煙、毒氣和缺氧空氣等吸入呼吸道對人員造成傷害的個人防護裝備。

呼吸器又稱呼吸防護用品、呼吸護具，廣泛應用於工業、農業、軍事及日常生活的各個領域，種類繁多。按防護原理，它可分為過濾式呼吸器和隔絕式呼吸器。過濾式呼吸器利用過濾材料濾除空氣中的有毒有害物質，將受染空氣轉變為清潔空氣供人員呼吸的呼吸器。其防護效果取決於所採用過濾材料的種類、性能，並與污染物成分和物理狀態等直接相關。隔絕式呼吸器使人員呼吸器官、眼睛和面部與外界受染空氣隔絕，依靠自身氣源供氣或通過長導氣管引入受染環境以外潔淨空氣，保障人員呼吸的呼吸器。其又稱隔絕式防毒面具、隔離供氣式防毒面具。

儲氣式長管呼吸器

防毒口罩

呼吸器

按使用對象：
  軍用呼吸器
  民用呼吸器
按人員吸氣環境：
  正壓式呼吸器
  負壓式呼吸器

防毒面具

防毒面具是保護呼吸器官、眼睛和面部，防止毒劑、生物戰劑、放射性灰塵等有毒有害物質及缺氧空氣吸入呼吸道對人員造成傷害的個人防護裝備。

防毒面具的產生源於化學毒劑在戰場上的大規模使用。第一次世界大戰期間，德國軍隊首次使用氯氣進行化學攻擊，為避免毒劑通過呼吸道對人員造成傷害，出現了防毒面具。最早使用的防毒面具是浸漬有化學藥劑的普通紗布口罩，一般稱濕式口罩或防毒口罩。由於新毒劑的出現，原有的基於化學原理製成的防毒口罩不能滿足防護的要求，出現了由橡膠面罩和裝填活性炭及濾煙材料的濾毒罐組成的防毒面具，形成了現代面具的雛形。隨着軍用毒劑、生物戰劑毒性的不斷提高、使用技術的不斷發展及核武器的使用，經過不斷的研究和改進，現代軍用防毒面具在防護原理、防護性能、使用性能等方面都有了很大的發展，其應用也從軍事拓展到了生產、生活的諸多領域。

防毒面具

按防護原理：
　　過濾式防毒面具
　　隔絕式防毒面具
按使用對象：
　　軍用防毒面具
　　民用防毒面具

火災逃生用防毒面具

防毒衣

防毒衣是防止毒劑、生物戰劑、放射性灰塵等直接接觸皮膚而傷害人體的個人防護裝備。

防毒衣以不透氣材料為主製成，主要在嚴重受染區域使用。第一次世界大戰末期，首先出現了用不透氣油布製成的防毒衣，但這種防毒衣材料太硬，有黏性，不便於工作。20世紀40～50年代，綜合性能較好的、用合成橡膠聚異丁烯及其與其他橡膠混合製成的合成橡膠防毒衣和塑料防毒衣取代了最早的油布防毒衣、天然橡膠防毒衣。隨着技術進一步的發展，防毒衣主要以較輕便的丁基橡膠及改性丁基膠為基本原料製成。隨着戰場環境的日趨複雜，對防毒衣提出了阻燃防火要求，繼而出現了隔絕式阻燃防毒衣。自60～70年代以後，為解決防毒衣的降溫散熱問題，改善防毒衣生理性能，進行了大量研究，出現了降溫散熱效果較好的冷卻背心和冷卻服等。

呼吸器內置式防毒衣

呼吸器外置式防毒衣

防毒衣

按使用材料的氣密性：
　隔絕式防毒衣
　部分透氣式防毒衣
按結構樣式：
　分體式（兩截式）
　連體式

發煙罐

發煙罐是裝有發煙劑的罐（筒）狀發煙裝備。

發煙罐通常由發煙劑、點火具及罐體三部分組成。它具有結構簡單、造價低廉、發煙量大、持續時間長、使用方便等特點。按戰術用途，其可分為三種：①遮蔽發煙罐。內裝固體發煙劑或液體發煙劑。固體發煙劑燃燒後，產生大量的熱能，使成煙物質昇華，在大氣中冷凝成煙；液體發煙劑受熱汽化成煙。②干擾發煙罐。內裝干擾發煙劑，燃燒後可快速形成多波段干擾煙幕，用於對抗激光、紅外和毫米波探測及制導武器的攻擊，降低其命中概率，可有效保護重要目標如機場、橋樑、指揮控制中心及導彈發射陣地等。③信號發煙罐。內裝有機染料為主的固體發煙劑，發煙劑燃燒後，不同染料受熱昇華，生成紅、黃、藍、綠或紫色的煙幕，用於信號聯絡和指示目標。

發煙罐

重量：2~40 公斤
直徑：10~40 厘米
發煙時間：3~30 分鐘
煙幕長度：20~200 米

奧地利 HC-81 發煙罐

發煙手榴彈

發煙手榴彈是一種供單兵使用的裝有發煙劑的輕便、快速成煙的發煙裝備。

發煙手榴彈有兩種：①爆炸型發煙手榴彈。它由發火機構、爆管、發煙劑、彈體組成，並預留空室和發煙孔。借助炸藥的爆炸力，將發煙劑分散到大氣中，進行燃燒反應並吸收空氣中的水分而形成煙幕。②燃燒型發煙手榴彈。它由發火機構、發煙劑、彈體組成。利用發火機構將發煙劑點燃，發煙劑燃燒受熱昇華，燃燒產物在大氣中凝結吸收空氣中水分而形成煙幕。發煙手榴彈供單兵使用，用於迷盲碉堡、觀察所，掩護小分隊及單兵的戰鬥行動，還可用於信號聯絡、指示目標等。在山丘、島礁地帶進攻據點時，由單兵攜帶，靈活地利用地形、風向施放，掩護戰鬥行動。多枚同時使用可形成小規模遮蔽煙幕，掩護班排行動。發煙手榴彈可供多軍種、兵種使用。

中國製發煙手榴彈

中國製發煙車

發煙車

發煙車由發煙機、載車和附屬裝置組成。發煙機有固定在特製車廂內的,也有可拆卸的。發煙車是一種大面積、長時間連續施放煙幕的裝備,可施放可見光、紅外、毫米波干擾煙幕和多頻譜混合干擾煙幕,主要用於掩護重要目標和軍隊作戰行動。發煙車誕生於第二次世界大戰期間。從 20 世紀 90 年代開始,出現了新型發煙車。新型發煙車採用模塊化設計,一般由動力單元、控制單元、可見光遮蔽單元和紅外遮蔽單元四部分組成。在可見光遮蔽單元中,發煙劑主要為霧油,採用油泵主動供油方式將霧油注入燃氣中,蒸發成煙;在紅外遮蔽單元中,發煙劑主要為石墨類粉末,採用從發動機壓氣機後引氣,對粉末料桶增壓,將粉末流態化,輸送到發動機尾氣中,噴撒成煙。

> **發煙車按發煙原理:**
>
> 機電式發煙車
> 脈動式發煙車
> 渦噴式發煙車

噴火器

噴火器是噴射火焰射流的燃燒武器。

意大利 T-148/A 輕型噴火器

產地：意大利
口徑：40 毫米
噴射距離：60 米
全重：13.8 公斤
噴槍質量：4.3 公斤
油瓶質量：8.5 公斤

噴火器又稱火焰噴射器。一種近距離火攻武器，主要用於攻擊暗火力點和地下目標，消滅工事內的有生力量，燒毀易燃的物資和技術裝備。噴火器噴射的火柱，能沿塹壕、坑道內壁拐彎、蔓流、飛濺、黏附燃燒，可產生 800℃ 左右的高溫；油料燃燒要消耗氧氣並產生有毒煙氣，能使較密閉工事內的人員窒息、中毒。在攻擊坑道、洞穴、地下工事和夜間使用時，噴火器具有其他直射火器所沒有的獨特殺傷效果。噴火器主要由儲油裝置、壓源裝置、導流裝置、點火裝置和噴射裝置等部件組成。噴射時，儲油裝置內的噴火油料在壓縮氣體或火藥氣體等壓源的作用下，經導流裝置由噴嘴噴出的同時被點火裝置點燃，形成火柱。

意大利 T-148/A 輕型噴火器

催淚彈

RS97-2 燃燒型催淚彈

裝備時間：1997 年
產地：中國
彈長：122 毫米
彈徑：37 毫米
彈重：0.17 公斤
發煙時間：20 秒

催淚彈主要包括裝填刺激劑的手榴彈、槍榴彈等。刺激劑有催淚劑和噴嚏劑之分。人們通常將裝填刺激劑的炸彈習慣稱為催淚彈。用作催淚劑的化合物主要有苯氯乙酮，還有鹵代脂肪酮、鹵代芳香酮等。西埃斯（CS）等刺激劑除對眼睛具有強烈刺激外，對上呼吸道及皮膚也有較強的刺激作用。催淚彈主要由彈體、裝藥和發火系統（引信）三部分組成。

按分散方法，可分為爆炸分散型催淚彈和熱分散型催淚彈。人眼接觸催淚劑後立即感到刺激，一至數分鐘後眼睛劇烈疼痛、流淚，難以忍耐，刺激嚴重時能造成結膜炎、頭痛等病症。對上呼吸道刺激後能引起咳嗽、打噴嚏等症狀。脫離接觸或進行防護後，刺激症狀可在幾分鐘至數小時內消失。

催淚彈

便攜式探雷器

便攜式探雷器是由單兵攜帶及使用，以非接觸方式探測單個地雷的探雷裝備。

便攜式探雷器一般由探頭、探杆、信號處理裝置、電池和顯示報警裝置組成。它主要有低頻電磁感應探雷器、微波探雷器、複合探雷器及成像探雷器等。按工作原理其可分為兩類：低頻電磁感應探測和微波介質探測。低頻電磁感應探測的原理是依據探頭輻射的電磁場與附近的金屬導體或磁性介質發生相互作用，使探雷器電路的工作參數（頻率、振幅、相位）產生變化，由信號處理裝置檢測、處理後予以報警。採用微波介質探測原理的探雷器稱微波探雷器，其探頭（天線）多採用平衡結構形式。它輻射的平衡電磁場在傳輸過程中遇到介質中有其他物體時，會產生畸變，由此產生信號，發出音頻報警。

中國士兵用便攜式探雷器探雷

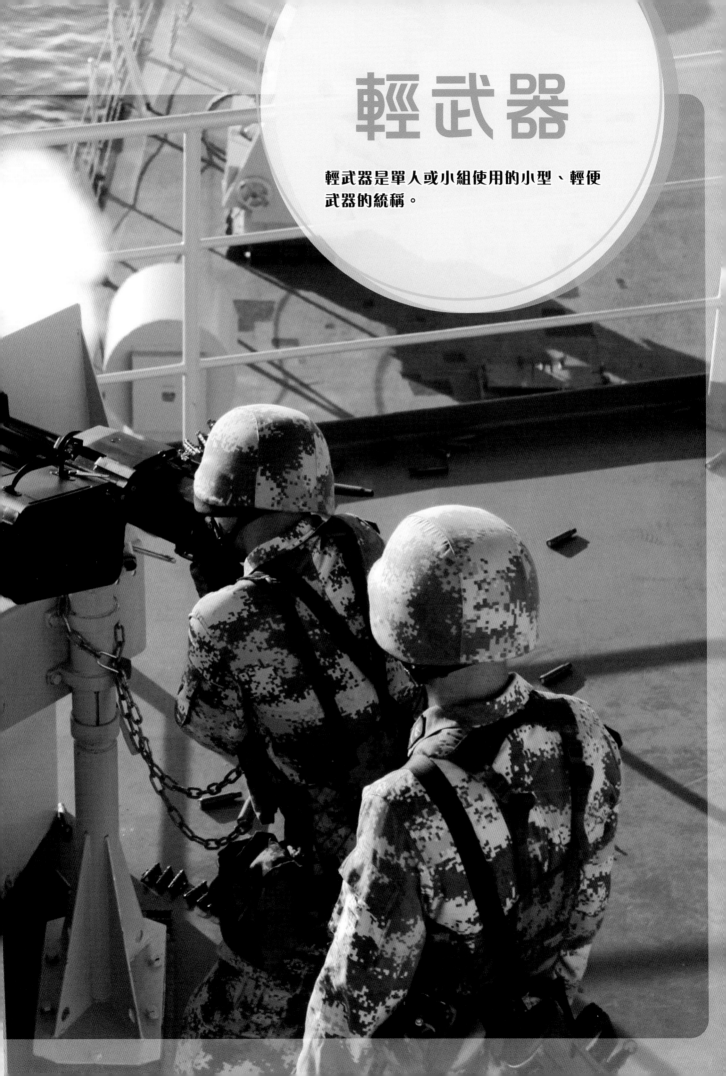

輕武器

輕武器是單人或小組使用的小型、輕便武器的統稱。

輕武器又稱輕兵器。它主要包括各種刀具、手槍、衝鋒槍、步槍、機槍、特種槍、手榴彈、槍榴彈、榴彈發射器、便攜式火箭發射器、單兵導彈等。裝備對象以步兵為主，也為其他軍種和兵種廣泛使用，還可以配備於飛機、艦艇、裝甲車輛。其主要用於殺傷或壓制暴露的有生目標，毀傷輕型裝甲車輛，破壞其他武器裝備和軍事設施。11世紀初（宋代咸平年間）用於守城的「火毬」「火蒺藜」等原始的手投彈藥則是手榴彈的雛形。20世紀，出現了許多具有創新技術、被大量使

三管火門槍

火繩槍

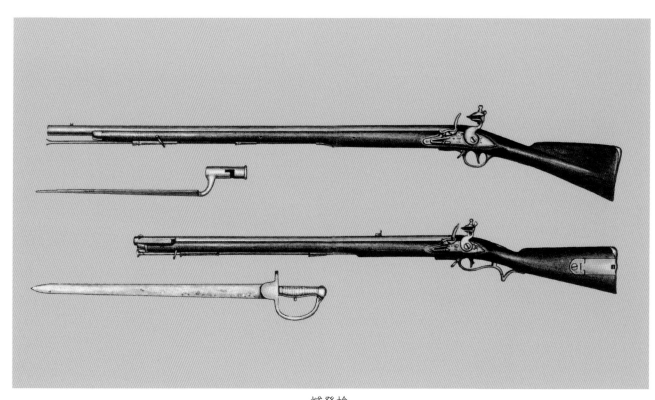

燧發槍

用的輕武器。20 世紀後期，便攜式反坦克導彈和地空導彈、大口徑反器材步槍等新型輕武器列裝使用，輕武器的品種日益豐富，技術含量不斷提高，輕武器的發展達到了前所未有的水平。

　　輕武器主要有槍械和榴彈武器兩大類。槍械是輕武器的主體，通常包括手槍、衝鋒槍、步槍、機槍和特種槍。榴彈武器主要包括手榴彈、槍榴彈、榴彈發射器、便攜式火箭發射器、無坐力發射器等。其他類型的輕武器，包括各種刀具、弓、弩、激光槍、電擊槍、麻醉槍、單兵遙控攻擊彈藥、單兵導彈等。輕武器還有其他分類方法，如按毀傷目標的方式，分為點殺傷武器、面殺傷武器；按戰術使用特點，分為自衛武器、突擊武器、壓制武器、反裝甲武器、防空武器；按裝備對象，分為單兵武器、班組武器等。

毛瑟步槍

突擊步槍

中國研製的大、中口徑炮彈

自動手槍

自動手槍是利用火藥燃氣能量完成自動裝填槍彈的小型槍械。

自動手槍包括半自動手槍和全自動手槍。半自動手槍能完成自動裝填但僅能單發射擊，全自動手槍既能完成自動裝填又能連發射擊。它由槍管、套筒、握把座、復進機、彈匣、擊發機構、發射機構和瞄準裝置組成。一般其利用發射時膛內火藥燃氣壓力推動套筒後坐退殼，再利用復進簧力推動套筒前進，推彈入膛，完成自動裝彈。常見的自動方式有槍管短後坐式和槍機後坐式，槍機後坐式又分為自由槍機式和半自由槍機式。多採用槍管擺動式閉鎖機構和慣性閉鎖機構。發射機構有單動式和聯動式，通常為閉膛待擊。擊發機構主要採用擊錘回轉式或擊針平移式。在擊發機構和發射機構中又設有保險機構。自動手槍均採用彈匣供彈。瞄準裝置一般採用準星缺口。

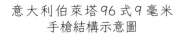

意大利伯萊塔 96 式 9 毫米手槍結構示意圖

意大利伯萊塔 96 式 9 毫米手槍

裝備時間：1985 年
產地：意大利
口徑：9 毫米
槍長：217 毫米
槍重：0.96 公斤
有效射程：50 米

瑞士 SIG P2299 毫米手槍

托卡列夫 TT-33 式 7.62 毫米手槍

托卡列夫 TT-33 式 7.62 毫米手槍是蘇聯槍械設計師 F.V. 托卡列夫於 1930 年設計、1931 年裝備蘇聯紅軍的 7.62 毫米小型自動槍械，命名為 TT-30 式手槍。經過改進，型號變為 TT-33 式。

TT-33 式手槍由蘇聯圖拉兵工廠生產，型號中的 TT 即是蘇聯圖拉兵工廠和設計師托卡列夫兩個俄文詞的首字母。它是蘇聯紅軍在第二次世界大戰中的主用手槍。其具有結構簡單、緊湊，動作可靠等特點。如今它已從俄羅斯軍隊中撤裝，但在世界許多國家和地區仍裝備使用。TT-33 式手槍由槍管、套筒、復進簧及導杆、握把座、發射機構、彈匣等構成，採用槍管短後坐式自動方式，槍管擺動式閉鎖機構。擊發後，在彈底火藥燃氣作用下套筒帶動槍管一同後坐。其完成自由行程後借助連杆的作用，套筒與槍管逐漸開鎖，槍管受限停止運動，套筒繼續慣性後坐，完成壓倒擊錘、壓縮復進簧、抽殼、拋殼等動作。復進時，套筒帶動槍管一同復進，並借助連杆使套筒與槍管完成閉鎖動作。

托卡列夫 TT-33 式手槍

裝備時間：1931 年
產地：蘇聯
口徑：7.62 毫米
槍長：196 毫米
槍重：0.85 公斤
有效射程：50 米

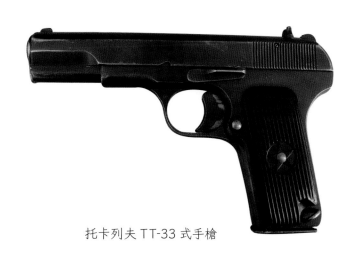

托卡列夫 TT-33 式手槍

1964 年式 7.62 毫米手槍

1964 年式 7.62 毫米手槍是中國 1964 年設計定型、1980 年生產定型的 7.62 毫米小型自動槍械。

1964 年式 7.62 毫米手槍具有射擊精度好、體積小、重量輕、外形美觀、便於攜帶等特點，但威力較小。它由槍管、套筒、復進簧、握把座、擊發機構、發射機構、彈匣構成，採用自由槍機式自動方式，慣性閉鎖機構，槍管固定。1964 年式 7.62 毫米手槍採用擊錘回轉式擊發機構，聯動式發射機構，便於及時操槍射擊。它具有多重保險機構，套筒左後側有手動保險柄，上抬至保險狀態時，鎖住擊錘和套筒；射擊時還有不到位保險、自動保險和射擊保險機構，確保射擊時的安全可靠。空倉掛機時，將裝有槍彈的彈匣插入，並向上拍擊一下彈匣蓋，彈匣回

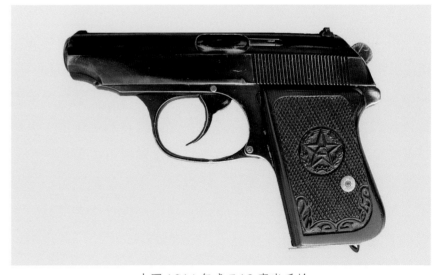

中國 1964 年式 7.62 毫米手槍

門機構即可使停在後方的套筒解脫復進，推彈入膛，閉鎖待擊，簡化了操作程式。

1964 年式 7.62 毫米手槍

裝備時間：1980 年
產地：中國
口徑：7.62 毫米
槍長：155 毫米
槍重：0.56 公斤
有效射程：50 米

1977 年式 7.62 毫米手槍

1977 年式 7.62 毫米手槍是中國 1977 年設計定型、1981 年生產定型的 7.62 毫米小型自動槍械。

1977 年式 7.62 毫米手槍配備於軍隊、警察及其他特業人員。它具有體積小、重量輕、便於攜帶、外形美觀大方、結構簡單、射擊精度好、能單手裝填和射擊、使用方便快捷等特點，但威力較小。其由槍管、套筒、復進簧、握把座、擊發機構、發射機構、彈匣構成，採用自由槍機自動方式，慣性閉鎖機構，槍管固定。彈膛內距槍管尾端 6 毫米處刻有一條環形凹槽，用來增大抽殼阻力，減輕套筒後坐到位時的撞擊，提高射擊平穩性。採用擊針平移式擊發機構，保險機構設有手動保險和到位保險。設有單手裝填機構，該機構由活動扳機護圈、掛鈎、掛鈎簧等組成。活動扳機護圈在前方位置與固定扳機護圈構成一完整護圈。活動扳機護圈可前後平移。

中國 1977 年式 7.62 毫米手槍

1977 年式 7.62 毫米手槍

裝備時間：1981 年
產地：中國
口徑：7.62 毫米
槍長：149 毫米
槍重：0.5 公斤
有效射程：50 米

1992 年式 5.8 毫米手槍

1992 年式 5.8 毫米手槍是中國 2001 年設計定型的 5.8 毫米小型自動槍械。

1992 年式 5.8 毫米手槍具有後坐力小、握持舒適、射擊精度高、彈匣容量大、戰鬥射速高、使用方便、重量輕等特點。它由套筒組件、握把座組件、發射機構組件、彈匣組件和槍管、槍管套、連接座、復進簧、復進簧導杆、空倉掛機柄等構成，採用槍管回轉半自由槍機自動方式，慣性閉鎖機構。其半自由槍機式原理是利用槍管繞其軸線回轉的減速機構實現的，不同於傳統的半自由槍機式採用滾珠閉鎖、氣體延遲、慣性體等實現延遲開鎖。它設有手動保險、擊針保險和不到位保險，手動保險機柄可左右手操作。彈匣上的窗口和刻線可指示彈匣內的餘彈數，彈匣卡榫可左右安裝使用。準星和缺口上都塗有熒光點，不良光線下瞄準效果良好，還可安裝激光指示器，用於夜間瞄準射擊。

1992 年式 5.8 毫米手槍

裝備時間：2001 年
產地：中國
口徑：5.8 毫米
槍長：115 毫米
槍重：0.76 公斤
有效射程：50 米

中國 1992 年式 5.8 毫米手槍

PSM5.45 毫米手槍

PSM5.45 毫米手槍是蘇聯 20 世紀 70 年代末裝備的 5.45 毫米小型自動槍械。

PSM5.45 毫米手槍是世界上第一支採用小口徑的自動手槍，由蘇聯槍械設計師 T.I. 拉什涅夫、A.A. 西馬林和 L.L. 庫利科夫於 1975 年設計。其主要裝備高級軍官和警察。它具有重量輕、厚度薄、便於隨身攜帶、隱蔽性好、後坐力較小、槍口跳動不大、使用操作性較好、侵徹性能（指彈頭鑽入 / 穿透目標的性能）較強等特點。其由槍管、套筒、復進簧、握把座、擊發機構、發射機構、彈匣等構成，採用自由槍機式自動方式，慣性閉鎖機構，槍管固定。擊發機構為傳統的擊錘回轉式，發射機構能聯動擊發，首發開火不需扳倒擊錘，扣動扳機即可射擊。它設有手動保險和不到位保險。手槍外形類似於德國瓦爾特 PP 式手槍。扳機護圈呈圓弧過渡，兼有分解卡榫功能。彈頭內部採用了鋼心鉛柱結構。

蘇聯 PSM5.45 毫米手槍

PSM5.45 毫米手槍

裝備時間：1979 年
產地：蘇聯
口徑：5.45 毫米
槍長：85 毫米
槍重：0.46 公斤
有效射程：50 米

M1911A1 式 11.43 毫米自動手槍

M1911A1 式 11.43 毫米自動手槍是美國軍隊於 1926 年列裝的 11.43 毫米小型自動槍械。

M1911A1 式 11.43 毫米自動手槍由美國著名槍械設計師 J.M. 勃朗寧設計，美國柯爾特公司生產。它是美軍在第二次世界大戰期間裝備量最大的一種手槍，至二戰結束時共生產了 240 多萬支（不含其他國家列裝）。1985 年 M1911A1 式 11.43 毫米自動手槍從美軍撤裝，但世界上仍有許多國家裝備此槍。它具有威力大、殺傷效果好、結構簡單、零部件少、分解結合比較方便、機構動作可靠、故障少等特點。但其體積和重量較大；射擊時後坐衝量較大，射擊精度較差；缺乏聯動功能，開火及時性差；容彈量少。它由槍管、套筒、復進簧及導杆、握把座、擊發機構、發射機構、彈匣等構成。保險機構除設有手動保險外，還設有握把保險，增加使用安全性。

M1911A1 式 11.43 毫米自動手槍

裝備時間：1935 年
產地：美國
口徑：11.43 毫米
槍長：219 毫米
槍重：1.13 公斤
有效射程：70 米

美國 M1911A1 式 11.43 毫米自動手槍

M9 式 9 毫米手槍

M9 式 9 毫米手槍是意大利研製，美軍 1985 年裝備的 9 毫米小型自動槍械。

M9 式 9 毫米手槍由意大利伯萊塔公司研製，商業型號為 92F 手槍。它具有戰鬥性能比較突出，使用性能優越，可靠性和可維修性好，結構設計新穎等特點。整槍由槍管組件、套筒組件、復進機組件、握把座組件、彈匣組件五部分構成。它採用槍管短後坐自動方式，閉鎖卡鐵擺動式閉鎖機構。擊發機構為擊錘回轉式，發射機構為聯動式，保險機構由手動保險、擊針自動保險、阻隔保險、不到位保險、擊錘保險等機構組成。握把座由鋁合金製成，減輕了重量，握把外層包有木質護板。扳機護圈較大，便於戴手套時射擊，扳機前端面呈直線，便於雙手持槍射擊。手動保險柄和彈匣卡榫均可左右手操作。準星缺口塗有熒光點，用於夜間瞄準使用。

M9 式 9 毫米手槍

M9 式 9 毫米手槍

裝備時間：1985 年
產地：意大利
口徑：9 毫米
槍長：217 毫米
槍重：0.96 公斤
有效射程：50 米

1979 年式 7.62 毫米輕型衝鋒槍

1979 年式 7.62 毫米輕型衝鋒槍是中國 1979 年設計定型、1983 年生產定型的 7.62 毫米輕型自動槍械。

1979 年式 7.62 毫米輕型衝鋒槍主要裝備空降兵、偵察兵等特種部隊。它具有體積小、重量輕、便於攜帶等特點。其採用導氣式自動方式，導氣裝置為活塞短行程式，可減小槍機的重量和尺寸，增加能量儲備，以提高全槍機動性和機構動作可靠性，但全槍零件增多，比自由槍機式衝鋒槍結構複雜。閉鎖方式為槍機回轉式，雖然結構稍顯複雜，但由於開閉鎖定位槽設置在機頭上，與機框共用一個導軌，降低了自動機的高度和橫向尺寸，從而簡化了武器結構。它設有由緩衝墊座和橡膠墊組成的緩衝機構，用於吸收自動機後坐到位時的部分能量。擊發機構為擊錘回轉式。其採用金屬框架式槍托，可向上摺疊靠於機匣上方。瞄準裝置由柱形準星、回轉式表尺和缺口照門組成。

1979 年式 7.62 毫米輕型衝鋒槍

裝備時間：1983 年
產地：中國
口徑：7.62 毫米
槍長：470 毫米
槍重：1.9 公斤
有效射程：200 米

中國 1979 年式 7.62 毫米輕型衝鋒槍

1985 年式 7.62 毫米微聲衝鋒槍

1985 年式 7.62 毫米微聲衝鋒槍是中國 1985 年設計定型的 7.62 毫米微聲自動槍械。

1985 年式 7.62 毫米微聲衝鋒槍主要裝備偵察兵和其他特種分隊，用於殺傷 200 米以內的有生目標。它的主要結構與 1985 年式輕型衝鋒槍相同，彈匣、槍機等部件可互換使用，具有通用化、系列化的特點。其採用慣性閉鎖機構，結構簡單、緊湊，重量輕，使用維護性好，但較重的槍機在射擊時撞擊較大，影響射擊精度。擊發機構為擊針平移式。它採用圓筒式機匣，工藝性好，設有快慢機保險、拉機柄保險，拉機柄保險結構簡單，動作可靠，有效地克服了自由槍機易走火的缺點。消聲筒採用氣體分流膨脹式消聲原理，槍管前端 4 列排氣孔與消聲碗配合起到消聲、消焰和消煙作用。機械瞄具由柱狀準星和 L 形翻轉式表尺組成，準星高、低和左、右位置均可調整，表尺射程為 100 米和 200 米。

1985 年式 7.62 毫米微聲衝鋒槍

裝備時間：1985 年
產地：中國
口徑：7.62 毫米
槍長：869 毫米
槍重：2.5 公斤
有效射程：150 米

中國 1985 年式 7.62 毫米微聲衝鋒槍

「烏齊」9 毫米衝鋒槍

「烏齊」9 毫米衝鋒槍是以色列 20 世紀 50 年代初定型的 9 毫米口徑自動槍械。

「烏齊」9 毫米衝鋒槍具有結構緊湊、動作可靠、勤務性好等特點，除裝備以色列軍隊外，還出口比利時、德國等國家。它採用自由槍機式工作原理，前衝式擊發，即在槍機尚未復進到位時擊發，在擊發瞬間的慣性可抵消部分後坐衝量，因此槍機品質比採用復進到位後擊發的自由槍機減輕一半。其採用包絡式槍機，在擊發瞬間槍機前部套住槍管尾端，縮短了全槍長度，又可避免在萬一發生遲發火或早發火故障時損壞槍的構件或傷害射手。它大量採用沖壓件。機匣兩側各有 4 條凸筋，既能提高機匣強度，又可容納沙粒等污物，在風沙和泥水等惡劣環境下動作可靠。機械瞄準具由柱狀準星和覘孔式照門組成。有固定式槍托和摺疊式槍托兩種形式。

「烏齊」9 毫米衝鋒槍

裝備時間：20 世紀 50 年代
產地：以色列
口徑：9 毫米
槍長：650 毫米
槍重：3.7 公斤
有效射程：200 米

以色列「烏齊」衝鋒槍（摺疊槍托式）

MP5 式 9 毫米衝鋒槍

MP5 式 9 毫米衝鋒槍是聯邦德國黑克勒 - 科赫 (H-K) 公司於 1965 年研製成功的 9 毫米自動槍械。開始命名為 HK54 式衝鋒槍，1966 年命名為 MP5 式衝鋒槍。

MP5 式 9 毫米衝鋒槍具有連發射擊精度高的優點，除裝備聯邦德國外，還出口到美國、瑞士及中東和非洲的多個國家。其有六種變型槍。它採用延遲後坐的半自由式槍機和滾柱閉鎖機構，裝有點射控制機構，採用閉膛待擊方式，射擊時振動較小，即使在連發射擊狀態下，滾柱閉鎖機構也不會產生振動，因而操槍穩定，命中率高。但結構複雜、製造成本高、連發射擊時不利於散熱。

聯邦德國 MP5A2 式衝鋒槍

MP5 式 9 毫米衝鋒槍

裝備時間：1965 年
產地：聯邦德國
口徑：9 毫米
槍長：680 毫米
槍重：2.45 公斤
有效射程：200 米

P90 式 5.7 毫米 輕型衝鋒槍

P90 式 5.7 毫米輕型衝鋒槍是比利時 FN 公司於 1989 年研製的 5.7 毫米輕型自動槍械。

P90 式 5.7 毫米輕型衝鋒槍主要裝備炮兵、裝甲兵和汽車運輸兵。其具有結構簡單、緊湊，零部件較少等特點，有 P90LV 式和 P90TAC 式兩種型號。它採用自由槍機式自動原理，閉膛待擊，可單發和連發射擊。機匣和擊發機構都裝在槍托裏，結構緊湊；採用帶孔的握把，孔的大小正好能伸進大拇指，便於腕關節彎曲，使握持時槍托與射手的前臂平行，前端有一個安全擋塊，可防止手指觸到槍口處；槍托、機匣、握把採用圓滑過渡，握持舒適；拋殼窗位於機匣下方，可防止射擊時彈殼傷及射手；裝在槍管上方並與槍管平行的彈匣，採用白色透明高強度塑料製成，可隨時檢查剩餘彈數；射手左右手均可操持射擊，背帶環可根據需要定位在槍的左側或右側。

P90 式 5.7 毫米輕型衝鋒槍

裝備時間：1989 年
產地：比利時
口徑：5.7 毫米
槍長：500 毫米
槍重：2.8 公斤
有效射程：130 米

比利時 P90 LV 式 5.7 毫米輕型衝鋒槍

自動步槍

自動步槍是利用火藥燃氣能量完成彈藥自動裝填的小型槍械。

自動步槍由單兵使用，以其猛烈火力消滅400米內暴露的有生目標和火力點，也可用刺刀和槍托殺傷敵人，有的還可發射槍榴彈或下掛榴彈發射器，殺傷面目標和薄壁裝甲目標，有半自動步槍和全自動步槍兩類。自動步槍多採用導氣式自動方式，槍機回轉式閉鎖機構，彈匣式容彈具，擊錘回轉式擊發機構。半自動步槍能自動裝填，但不能自動發射，射擊時，每扣動一次扳機便可射出一枚子彈。半自動步槍比非自動步槍的射速提高了兩倍以上。全自動步槍除能自動裝填外，還能自動發射，只要射手扣住扳機不放，就可以連續

蘇聯 7.62 毫米 SKS 半自動步槍

聯邦德國 7.62 毫米 G3 式自動步槍

射擊，直到彈匣內的子彈全部打完。由於自動步槍不需要人工退殼和裝彈，所以提高了戰鬥射速，減少了射手的疲勞，也便於射手集中精力觀察、瞄準目標。

自動步槍

裝備時間：20 世紀 40 年代
產地：美國等
口徑：小於 8 毫米
槍長：1000 毫米左右
槍重：約 4 公斤
有效射程：多為 400 米

突擊步槍

突擊步槍是一種使用中間型步槍彈或小口徑步槍彈的自動槍械。

突擊步槍具有衝鋒槍的猛烈火力和接近傳統步槍的射擊威力,適於近戰,以火力殺傷暴露的有生目標,可用刺刀和槍托進行格鬥,還可發射槍榴彈或掛裝榴彈發射器,實施面殺傷和毀傷薄壁裝甲目標。突擊步槍重量較輕,長度較短,火力較猛,不但能單發、連發射擊,有的還可點射。除採用固定木槍托或塑膠槍托外,它還採用金屬摺疊槍托或伸縮槍托,有的採用無托結構。有的發射無殼彈藥。有的突擊步槍通過採用短槍管而發展為短突擊步槍,或加長槍管並安裝兩腳架而發展為單兵突擊機槍,以適應特種部隊和班組火力支援的需要。新型突擊步槍多採用模塊化結構,一槍多型,以實現武器的多種用途;大量採用工程塑料,以減輕武器重量;注重人機工效,以方便攜行和使用等。

突擊步槍

裝備時間:第二次世界大戰
產地:德國等
口徑:小於 8 毫米
槍長:1000 毫米左右
槍重:小於 4 公斤
有效射程:300~400 米

德國 StG44 式 7.92 毫米突擊步槍

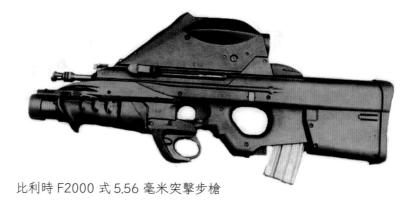

比利時 F2000 式 5.56 毫米突擊步槍

狙擊步槍

狙擊步槍是供狙擊手使用的遠距離高射擊精度槍械。

狙擊步槍配有光學瞄準鏡或夜視瞄準鏡，用於對600～1000米內的單個重要目標實施精確射擊，分為半自動式與非自動式。半自動狙擊步槍多是在常規自動步槍基礎上研製的，機構結實，動作可靠，火力持續性也好。非自動狙擊步槍基本是在比賽步槍基礎上研製的，採用直動式槍機單發裝填射擊，射擊精度較好。狙擊步槍的特點是槍管長，加工品質好，通常是專門精製的，或者是從大量普通步槍中精選出來的，各部件均經過嚴格挑選，保證尺寸公差，因此具有良好的遠射性能。為了保證遠距離射擊的準確性，提高首發命中率以及可靠的殺傷效果，

奧地利 SSG69 式 7.62 毫米狙擊步槍

英國 L96A1 式 7.62 毫米狙擊步槍

絕大多數狙擊步槍均發射大威力步槍彈，有的則發射特製的狙擊步槍彈，以獲得更好的彈道性能。

狙擊步槍

裝備時間：20 世紀下半葉
產地：美國等
口徑：不定
槍長：1000 毫米左右
輕重：4.5~6 公斤
有效射程：800~1000 米

卡賓槍

卡賓槍是一種槍身較短的步槍。

卡賓是英文 Carbine 的音譯，原為騎兵乘騎作戰使用，後來也用於炮兵、傘兵、步兵和其他兵種。卡賓槍通常為某種步槍的變型槍。同步槍一樣，也有非自動、半自動和全自動之分。現代卡賓槍都能全自動發射，槍托結構形式多樣，有摺疊托、伸縮托、無托結構，並儘量採用新材料、新結構來降低全槍重量，減短全槍長。世界上第一支卡賓槍是 1888 年式 7.92 毫米毛瑟步槍槍管被截短後的變型槍，稱為毛瑟 98k 式 7.92 毫米卡賓槍，又稱毛瑟馬槍，槍長 1100 毫米。第二次世界大戰中，各種半自動和自動卡賓槍迅速發展。戰後，因騎兵從軍隊編制中消失，傳統卡賓槍逐漸從軍隊裝備序列中淘汰。20 世紀 60 年代以後，各國研製的小口徑班用槍族中大多有短突擊步槍，即火力強化了的卡賓槍。

美國 M1 式 7.62 毫米卡賓槍

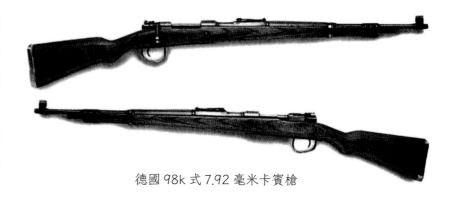

德國 98k 式 7.92 毫米卡賓槍

卡賓槍

裝備時間：1888 年後
產地：德國等
口徑：小口徑
槍長：1100 毫米左右
槍重：3 公斤左右
有效射程：300 米左右

1981 年式 7.62 毫米自動步槍

1981 年式 7.62 毫米自動步槍是中國 1981 年設計定型的 7.62 毫米自動槍械。

1981 年式 7.62 毫米自動步槍重量輕，槍身短，結構緊湊，射擊精度好，一槍多用。它採用導氣式活塞短行程自動方式，槍機回轉剛性閉鎖，可以實彈發射殺傷、破甲、燃燒、發煙等槍榴彈。氣體調節器有 3 個擋位，分別為「大孔」「小孔」和「閉氣」狀態。「大孔」在風沙、泥沙條件下使用，此時自動機速度較大，確保工作可靠；「小孔」在一般條件下使用；「閉氣」在發射槍榴彈時使用。和 1981 年式 7.62 毫米輕機槍形成一個槍族，其自動機、發射機、導氣系統和供彈具等約 65 種零部件能互換使用，不僅有利於戰場上的應急拆配，而且也給訓練、維修、供應及製造帶來很大方便。

中國 1981 年式 7.62 毫米自動步槍

1981 年式 7.62 毫米
自動步槍

裝備時間：1981 年
產地：中國
口徑：7.62 毫米
槍長：730 毫米
槍重：3.4 公斤 /3.5 公斤
有效射程：400 米

1995 年式 5.8 毫米自動步槍

1995 年式 5.8 毫米自動步槍是中國 1995 年設計定型、1997 年裝備部隊的 5.8 毫米自動槍械。

1995 年式 5.8 毫米自動步槍具有槍身短、容彈量大、重量輕、機動性好、射擊震動小、精度高等特點。它採用導氣式活塞短行程，使自動機獲取後坐能量，機頭回轉開閉鎖，機構動作可靠，能夠在各種氣候、環境條件下使用；通用組件多，使用、維修方便；採用黑色磷化、陽極氧化等先進工藝以提高防腐能力；採用熱模鍛鋁機匣以及塑料件注塑成型等新工藝，零部件互換性好。與白光瞄準鏡、微光瞄準鏡、多功能刺刀及下掛榴彈發射器組成武器系統，與班用機槍組成槍族。

中國 1995 年式 5.8 毫米自動步槍

1995 年式 5.8 毫米自動步槍

裝備時間：1997 年
產地：中國
口徑：5.8 毫米
槍長：746 毫米
槍重：3.25 公斤
有效射程：400 米

AK47 式 7.62 毫米 突擊步槍

AK47 式 7.62 毫米突擊步槍是蘇聯槍械設計師 M.T. 卡拉什尼科夫設計、1947 年定型的 7.62 毫米自動槍械。

AK47 式 7.62 毫米突擊步槍 1951 年裝備蘇軍摩托化步兵部隊、空軍和海軍等警衛人員。它素以火力猛、動作可靠、故障率低、勤務性好、堅固耐用而著稱。除蘇軍裝備外，世界上有五十多個國家的軍隊裝備。其採用活塞長行程導氣式自動方式，槍機回轉式閉鎖機構，擊錘回轉式擊發機構，發射機構直接控制擊錘，實現單發和連發射擊。它裝有木質固定槍托或金屬摺疊槍托。槍管鍍鉻，與機匣螺接在一起，膛線部分長 369 毫米。其採用機械瞄準具，並配有夜視瞄準具，柱形準星和表尺 U 形缺口照門都有可翻轉附件，內裝熒光材料。AK47 式突擊步槍的缺點是連發射擊時槍口上跳嚴重，不易控制，射擊精度低；與小口徑步槍相比，系統重量較大，攜行不便。

AK47 式 7.62 毫米突擊步槍

裝備時間：1951 年
產地：蘇聯
口徑：7.62 毫米
槍長：869 毫米
槍重：4.3 公斤
有效射程：300 米

蘇聯摺疊槍托型 AK47 式 7.62 毫米突擊步槍

AK74 式 5.45 毫米突擊步槍

AK74 式 5.45 毫米突擊步槍是蘇聯 1974 年定型並裝備部隊的 5.45 毫米自動槍械。

AK74 式 5.45 毫米突擊步槍具有結構簡單、重量輕、便於攜行、開火反應時間短、命中目標後子彈翻轉造成創傷大等特點。除裝備蘇軍外，還出口到東歐一些國家及阿聯酋、約旦和敍利亞等國。其有多種變型槍。它採用導氣式自動原理、槍機回轉式閉鎖機構、彈匣供彈方式和擊發發射機構等。它還採用塑料摺疊槍托，前握把和護木也由塑料製成；機匣側面加有瞄具座，可以配裝各種夜視瞄準鏡或白光瞄準鏡；機匣強度增強，榴彈發射器掛裝簡單、牢固；前握把上裝有縱肋，便於射手射擊時穩固握持；槍口裝置有兩個敞開的氣室，擦拭保養時不必從槍管上取下；彈匣由金屬改為高強度工程塑料製造。

蘇聯 AK74 式 5.45 毫米突擊步槍

AK74 式 5.45 毫米突擊步槍

裝備時間：1974 年
產地：蘇聯
口徑：5.45 毫米
槍長：943 毫米
槍重：3.9 公斤
有效射程：440 米

SVD 式 7.62 毫米狙擊步槍

SVD 式 7.62 毫米狙擊步槍是蘇聯槍械設計師德拉戈諾夫設計，1967 年正式裝備蘇軍的 7.62 毫米狙擊槍械。

蘇聯 SVD 式 7.62 毫米狙擊步槍

除裝備蘇軍外，SVD 式 7.62 毫米狙擊步槍還出口埃及、羅馬尼亞等國。它採用導氣式自動方式，固定槍管，槍機回轉閉鎖，發射 M1908/30 式底緣槍彈。氣體調節器有兩個位置，用彈殼底緣即可進行調整。位置「1」在一般情況下使用，位置「2」在快速射擊和惡劣環境下使用；槍口裝有瓣形消焰器，有 5 個開槽，其中 3 個開槽位於上部，2 個位於底部。消焰器前端呈錐狀，構成一個斜面，將一部分火藥燃氣擋住並使之向後，以減弱槍的後坐。它只能半自動射擊，擊發和發射機構比較簡單。槍托中空，握把與槍托成一體。槍托上裝有可拆卸的貼腮板，扳機護圈較大，士兵戴較厚的手套時也可以使用。配用的機械瞄具表尺射程 1200 米，配用的 PSO-1 光學瞄準鏡，放大倍率 4 倍，視場 6°。

SVD 式 7.62 毫米狙擊步槍

裝備時間：1967 年
產地：蘇聯
口徑：7.62 毫米
槍長：1225 毫米
槍重：4.3 公斤
有效射程：1300 米

M16 式 5.56 毫米自動步槍

M16 式 5.56 毫米自動步槍是美國槍械設計師 E. 斯通納設計，1962 年裝備美軍的 5.56 毫米自動槍械。

M16 式 5.56 毫米自動步槍主要用於殺傷暴露的有生目標，也可發射榴彈殺傷集羣目標和毀傷薄壁裝甲目標。除裝備美軍外，它還出口澳大利亞、智利、日本、印尼、馬來西亞及中國台灣地區等 50 多個國家和地區。其採用導氣管式自動方式，槍機回轉式閉鎖機構，擊錘回轉式擊發機構，可單發和連發射擊。大量應用塑膠和鋁合金零件，彈 / 槍系統重量輕，提高了士兵攜彈量，增加了持續作戰能力；後坐衝量低，連發射擊時易於控制；彈頭初速高，彈道低伸，射擊精度好；彈頭命中目標後失穩翻滾，殺傷威力大；可在槍管下方掛裝 40 毫米 M203 槍掛榴彈發射器，具備點、面殺傷能力。其改進型有 M16A1、M16A2、M16A3 和 M16A4。

M16 式 5.56 毫米自動步槍

裝備時間：1962 年
產地：美國
口徑：5.56 毫米
槍長：1000 毫米
槍重：3.4 公斤
有效射程：600 米

a M16

b M16A1

c M16A2

d M16A4

美國 M16 式 5.56 毫米自動步槍

M82A1 式 12.7 毫米狙擊步槍

M82A1 式 12.7 毫米狙擊步槍是美國巴雷特火器製造公司的創始人 R. 巴雷特 1981 年開始研製，1982 年設計定型的 12.7 毫米狙擊槍械。

M82A1 式 12.7 毫米狙擊步槍裝備美國陸軍、空軍、海軍陸戰隊和特種部隊，還出口多個國家。它採用槍管短後坐自動方式。擊發後，火藥燃氣推動彈丸沿槍管向前運動，又同時作用於彈殼底部，將推力傳給槍機，再由槍機閉鎖凸筍傳給槍管節套，最後通過槍機體傳到槍機框後部。這樣可以將射擊振動消減很大一部分，從而避免損壞閉鎖機構。槍管上配有高效槍口制退器，可減少 65% 的後坐力。可調式兩腳架位於護木下面，也可配 M82 制式三腳架或 M60 機槍的各種槍架。提把裝在瞄準鏡前方。

美國 M82A1 式 12.7 毫米狙擊步槍

M82A1 式 12.7 毫米狙擊步槍

裝備時間：1982 年
產地：美國
口徑：12.7 毫米
槍長：1448 毫米
槍重：12.9 公斤
最大射程：1800 米

G36 式 5.56 毫米突擊步槍

G36 式 5.56 毫米突擊步槍是德國黑克勒 - 科林（H-K）公司 20 世紀 90 年代初研製的 5.56 毫米自動槍械。

1996 年裝備德國聯邦國防軍。它採用導氣式自動方式，槍機回轉式閉鎖機構，摺疊槍托。除槍管外，機匣、護木、槍托、背帶環和握把均由黑色塑料製成，使全槍重量大幅度減輕。槍的表面略顯粗糙，握持舒適。塑料耐腐抗磨，即使在寒冷的氣溫下也便於握持。全槍結構簡單，便於操作，左、右手射手均可使用。其主要組件只用 3 個銷釘固定在機匣上，不用工具即可拆下進行擦拭和保養。槍口部裝有槍口消焰器，並有安裝附件（如刺刀）的介面。提把上下各安裝有一種光學瞄準裝置，上為準直式，用於快速瞄準射擊，下為放大 3 倍的望遠式，用於在較遠距離上實施精確射擊。另外還備有安裝微光瞄準鏡的瞄具座。扳機護圈大，射手戴棉手套也能射擊。

G36 式 5.56 毫米突擊步槍

裝備時間：1996 年
產地：德國
口徑：5.56 毫米
槍長：1000 毫米
槍重：3.63 公斤
彈頭初速：920 米 / 秒

5.56 毫米突擊步槍

FAMAS 式 5.56 毫米步槍

FAMAS 式 5.56 毫米步槍是法國 1967 年研製並生產的 5.56 毫米自動槍械。

FAMAS 式 5.56 毫米步槍還出口加蓬、吉布提、黎巴嫩、塞內加爾、阿聯酋等國家。它採用槍機延遲後坐式自動方式，有單發、連發和三發點射發射方式。槍管組件包括機匣、擊發機構和復進簧。槍管用普通鋼製造，前部的消焰器兼作槍榴彈發射具。機匣用輕合金製成，相關部件用連接銷固定在機匣上。自動機包括槍機、機框、延遲杠杆。槍機機頭上裝有真、假拉殼鉤，只要交換其位置，左撇子射手便可射擊；延遲杠杆有兩個平行的 L 形臂，通過十字頭插銷連接；兩臂將槍機連接在機框上，十字頭銷則控制擊針的位置。發射機組件包括擊錘、扳機、單發阻鐵、阻鐵簧、三發點射控制機構和快慢機。

法國 FAMAS 式 5.56 毫米步槍

FAMAS 式 5.56 毫米步槍

裝備時間：20 世紀 80 年代
產地：法國
口徑：5.56 毫米
槍長：757 毫米
槍重：3.61 公斤
有效射程：300 米

斯太爾 AUG5.56 毫米突擊步槍

斯太爾 AUG 5.56 毫米突擊步槍是奧地利陸軍與斯太爾 - 曼利夏公司共同研製的 5.56 毫米自動槍械。

斯太爾 AUG5.56 毫米突擊步槍1972 年定型，1977 年裝備奧地利軍隊。除裝備奧地利軍隊外，它還出口阿根廷、澳大利亞、赤道幾內亞、新西蘭、沙特阿拉伯和阿曼等國。其採用導氣式自動方式，槍機回轉式閉鎖機構，擊錘回轉式擊發機構。它配有放大倍率為1.5 倍的光學瞄準鏡。其主要結構特點是：採用無托結構，即將傳統的槍托前移至機匣，包住機匣後部和發射機構，使自動機能在槍托內運動，在保證槍管長度不減的情況下使全槍長縮短約 20%，外觀上顯得短而粗壯；結構模塊化，全槍

斯太爾 AUG5.56 毫米突擊步槍

由槍管、機匣、擊發與發射機構、自動機、槍托和彈匣六大部件組成。槍管可互換，並便於分解，在幾秒鐘內即可卸下槍管；大量採用塑料件，如槍托、握把、彈匣擊錘、阻鐵、扳機等，約佔全槍零部件總數的 20%。

斯太爾 AUG 5.56 毫米突擊步槍

裝備時間：1977 年
產地：奧地利
口徑：5.56 毫米
槍長：790 毫米
槍重：3.6 公斤
彈頭初速：970 米 / 秒

輕機槍

輕機槍是配有兩腳架、重量較輕、攜行方便的步兵班火力支援自動槍械。

輕機槍主要用於射擊中近距離的集羣或單個有生目標。它編配在步兵班內，為步兵班主要火力支援武器，能伴隨步兵作戰。自動方式大多採用導氣式，一般都有氣體調節器。閉鎖方式多為槍機回轉式。其多採用連發擊發機構，由射手控制射擊彈數，實施3~5發短點射、5~8發長點射或連續射擊。供彈具有彈鏈、彈鼓、彈盤、彈匣等多種形式。兩腳架連接在槍身前部，架杆通常可以伸縮並能調整張開的角度，以改變火線高和調平槍身。瞄準常用機械式瞄準裝置，現代輕機槍也配用光學瞄準鏡或夜視瞄準具。可實施臥姿抵肩射擊，必要時也可實施立姿、跪姿或行進間夾持射擊。1902年丹麥研製成功的麥德森機槍是世界上第一挺帶有兩腳架、可抵肩射擊的輕機槍。

輕機槍

裝備時間：1902年以後
產地：丹麥等
口徑：5.45~8毫米
槍長：1000毫米左右
槍重：10公斤以下
有效射程：600~800米

蘇聯 RPK 式 7.62 毫米輕機槍

奧地利斯太爾 AUG5.56 毫米輕機槍

美國 M1917 式 7.62 毫米重機槍

重機槍

重機槍是配有穩定槍架，能持續、連發射擊的步兵分隊重要火力支援槍械。

重機槍主要用於殺傷中遠距離有生目標、壓制火力點、射擊薄壁裝甲目標及低空目標。它是步兵分隊的重要支援武器。在遠距離上有較好的射擊精度和火力持續性，能實施超越射擊和散佈射擊。其主要由槍身、瞄準裝置和槍架構成。①槍身。其為導氣式或槍管短後坐式，導氣裝置設有氣體調節器，可調節火藥燃氣流量以適應各種氣象、環境條件下的射擊。通常採用連發擊發機構，射手控制射擊彈數，實施短點射（3～5 發）、長點射（5～8 發）或連續射擊。槍管皆選用耐熱、耐磨的優質合金鋼材料。供彈方式多採用彈鏈供彈，並配有大容量彈鏈箱。②瞄準裝置。它配有光學瞄準具、夜視瞄準具和橫表尺。③槍架。它多用杆式三腳架，也有的用輪式三腳架。

俄羅斯 KORD12.7 毫米重機槍

通用機槍

中國 QJY88 式 5.8 毫米通用機槍（使用兩腳架作輕機槍用）

通用機槍又稱輕重兩用機槍。其作輕機槍使用時，主要殺傷、壓制 800 米內的有生目標；其作重機槍使用時，主要殺傷、壓制 1000 米內的有生目標；一般通用機槍都能高射架槍，實施對空射擊。自動方式多為導氣式，閉鎖機構多為槍機回轉式或槍機偏轉式，擊發方式為連發。一般配有大、小彈箱和不同長度的彈鏈。它作輕機槍使用時，彈箱可掛在槍身上，能實施行進間射擊，伴隨步兵戰鬥。為了便於輕機槍射擊，通常配有槍托。同時配有兩腳架和三腳架。兩腳架裝在槍身前部，架杆多為可伸縮式，以便調整火線高和調正槍身。第二次世界大戰前，德國設計了 MG34 通用機槍。此後改進成 MG42 通用機槍，1942 年裝備部隊。

通用機槍是槍身用兩腳架支撐可作輕機槍使用，用穩定槍架支撐可作重機槍使用的自動槍械。

中國 QJY88 式 5.8 毫米通用機槍（安裝在三腳架上作重機槍使用）

高射機槍

高射機槍是主要用於射擊低空目標的可連續射擊的大口徑自動槍械。

中國 QJG02 式 14.5 毫米高射機槍

裝備時間：2002 年
產地：中國
口徑：14.5 毫米
槍重：小於 75 公斤
有效射程：2000 米
彈頭初速：995 米 / 秒

中國 QJG02 式 14.5 毫米高射機槍

高射機槍也可用於射擊地面輕型裝甲目標和火力點，有效射程一般在 2000 米以內。按機動方式，它分為攜行式、牽引式和車裝式三類。高射機槍的顯著特點是射角大。對空射擊多採用環形縮影瞄準具或自動向量瞄準具。其多採用彈鏈式供彈方式，聯裝式機槍可雙向供彈，也可雙路供彈，以便迅速更換彈種，對付不同目標。為對付高速低空目標，常用提高單槍射速、多槍身聯裝齊射及採用轉管或轉膛等方法來提高火力密度。第一次世界大戰中，德國和法國製造出最早的高射機槍。最初是把重機槍安裝在專用槍架上當高射機槍使用。第二次世界大戰期間，高射機槍得到了廣泛應用。戰後，由於飛機飛行高度和速度的不斷增加，高射機槍的作用減弱，發展緩慢。

艦艇機槍

艦艇機槍是安裝在艦艇及其他水上作戰平台上的大口徑自動槍械。

艦艇機槍主要用於對付低空目標和水面、地面集羣有生目標，是戰鬥艦艇上的輔助武器，也是非戰鬥艦艇上的自衛武器。其以大口徑居多，常設有防盾，一般單人立姿操作，有的還輔以電動機或液壓系統。為便於艙內射擊，多採用電擊發式機構。為了提高戰鬥射速、增強火力，多採用雙聯、三聯或四聯機槍。配彈量多，大口徑機槍配彈 3000 發以上。艦艇機槍有並列機槍、航向機槍和高射機槍三種。①並列機槍。與艦炮平行安裝在火炮搖架上，射擊時與艦炮共用一套火控系統。②航向機槍，又稱前機槍。一般安裝在船艏中間或一側，射擊方向與艦艇行進方向一致，由專門射手操作。③高射機槍。一般安裝在艦艇的旋轉座圈上，由裝填手操控射向、射手瞄準射擊。

艦艇機槍

裝備時間：無
產地：中國等
口徑：7.62～14.5 毫米
有效射程：1000～2000 米
彈頭射速：70～300 發 / 分
配彈：3000～8000 發

中國 1969 年式 14.5 毫米雙聯艦艇機槍

安裝在英國皇家空軍 SE5 飛機上的 MK2 式劉易斯航空機槍

航空機槍

航空機槍是安裝在作戰飛機、武裝直升機上的自動槍械。

航空機槍主要用於空戰，擊毀空中目標，也可用於殺傷地面集羣有生目標和攻擊輕型裝甲車輛等。航空機槍按結構，分為單管式、轉膛式和轉管式。單管式和轉膛式多利用火藥燃氣能量完成射擊循環，轉管式常使用外能源動力裝置（利用電動機等驅動）。航空機槍按安裝方式，分為固定安裝於機身內和安裝在機體外吊艙內兩種。射擊方式均為連發。它常採用多槍並聯或轉管、轉膛的方式提高射速。1912 年 6 月，美國人在飛機上安裝了劉易斯機槍，進行了飛行射擊試驗，隨後劉易斯機槍被英國人裝在飛機上，成為最早的航空機槍。20 世紀 30 年代末，發展了大口徑航空機槍。60 年代以後，隨着空對空導彈的出現和武裝直升機的大量使用，航空機槍又有了新的發展平台和空間。

安裝在俄羅斯 T-90 坦克上的 KORD 坦克機槍

車載機槍

車載機槍是安裝在坦克、裝甲車等車體上的大、中口徑自動槍械。

車載機槍又稱坦克機槍。在坦克上是輔助武器，在其他裝甲車輛上多為主要武器。其用於殲滅和壓制中近距離有生目標、火力點，也可用於毀傷輕型裝甲目標和低空目標。坦克機槍的長度較短，可左右供彈，卸下後可作為地面機槍使用。一般由普通機槍改裝而成。有的槍管加粗加長以增大火力持續性和威力；擊發機構為電擊發式；有時要加裝專門排氣裝置以使燃氣排出車外；為防止射擊時彈殼亂飛，設有彈殼、彈鏈收集器或使其拋出車外。1916 年英國 I 型坦克上即裝有機槍。有的坦克上裝 6 挺或 7 挺機槍，多為制式的輕機槍、重機槍或二者的改進型。隨着坦克作戰任務的變化和坦克機槍對付目標的不同，多數坦克機槍為中口徑和大口徑並存，並作為坦克的輔助武器使用。

1995 年式班用機槍

1995 年式班用機槍是中國 1995 年設計定型的 5.8 毫米班用槍族中提供火力支援的自動槍械。

1995 年式班用機槍採用導氣式自動原理,導氣系統為活塞短行程式,氣體調節器設有 3 個擋位,分別供正常條件、風沙和嚴寒等惡劣條件下發射槍榴彈時使用。槍機為回轉式閉鎖機構,具有閉鎖可靠、開鎖平穩的特點。擊發機構為平移式擊錘。機械瞄具為柱狀準星和覘孔式照門,準星可調整高低和左右,照門上還設有簡易夜瞄裝置;槍身上設有光學瞄準鏡連接座,可以配裝白光瞄準鏡及微光瞄準鏡。膛口裝置具有消焰功能。槍口可加裝多用途刺刀。它採用工程塑料和硬鋁合金等新材料,黑色磷化、硬質陽極氧化等表面處理工藝和精鍛成型、注塑成型等先進加工技術,防腐能力較強,結構強度較高。由 75 發彈鼓或 30 發彈匣供彈,可實施單發或連發射擊。採用無托結構。

中國 1995 年式班用機槍

裝備時間:1997 年
產地:中國
口徑:5.8 毫米
槍長:840 毫米
槍重:4.1 公斤
有效射程:800 米

1967 年式 7.62 毫米輕重兩用機槍

1967 年式 7.62 毫米輕重兩用機槍是中國 1967 年設計定型的 7.62 毫米分隊火力支援自動槍械。

1967 年式 7.62 毫米輕重兩用機槍於 1980 年改進為 67-1 式，1982 年改進為 67-2 式，並大量裝備部隊。67-2 式作重機槍使用時放在三腳架上射擊，可殲滅 1000 米內的集羣有生目標和單個重要目標，壓制敵火力點，支援步兵分隊作戰；作輕機槍使用時，利用槍身上的兩腳架射擊，可殲滅 800 米內的目標；高射時將兩腳架插入後支座，與槍架的前兩腿構成三角支撐，可射擊 500 米以內的傘兵和低飛的敵機等目標。它採用導氣式自動方式，閉鎖機構為槍機偏轉式。擊發機構為連發，彈鏈式供彈，勤務使用性能較好。擊發機構採用擊錘直動式。槍管上方帶有伸縮式提把，提把手柄在前方位置時便於快速更換槍管，在後方位置時便於提槍轉移陣地。瞄準裝置由圓柱形準星、弧形表尺和矩形缺口式照門組成。

中國 1967 年式 7.62 毫米輕重兩用機槍

裝備時間：1982 年
產地：中國
口徑：7.62 毫米
槍長：1350 毫米
槍重：15.5 公斤
有效射程：1000 米

中國 1967 年式 7.62 毫米輕重兩用機槍

1989 年式12.7 毫米重機槍

1989 年式 12.7 毫米重機槍是中國 1995 年設計定型的 12.7 毫米大口徑可連續射擊的槍械。

1989 年式 12.7 毫米重機槍用於殺傷敵集羣目標、壓制火力點、毀傷輕型裝甲目標。採用槍管短後坐與導氣式相結合的自動原理，後坐力小，結構簡單、緊湊，導氣系統採用導氣管直吹式。閉鎖機構採用槍機回轉式，槍管尾端裝有節套，槍機回轉閉鎖在節套上，機匣不直接承受火藥燃氣的最大壓力。機框尾端裝有緩衝器，能夠有效減緩槍機後坐撞擊作用。供彈機構打破了傳統的大撥叉杠杆等傳動方式，採用了套在槍管尾端上的環形杠杆傳動機構。發射機下方有小握把，槍尾裝有帶緩衝器的槍托，可以抵肩射擊。槍管與機匣採用滑動定位栓連接，可以快速更換槍管。除採用準星照門機械瞄準系統外，還配備有高平兩用白光瞄準鏡和微光瞄準鏡。

中國 1989 年式 12.7 毫米重機槍

1989 年式 12.7 毫米
重機槍

裝備時間：1997 年
產地：中國
口徑：12.7 毫米
槍長：1920 毫米
槍重：26.5 公斤
有效射程：1500 米

米尼米 5.56 毫米輕機槍

比利時米尼米輕機槍（傘兵型）

米尼米 5.56 毫米輕機槍是比利時 20 世紀 70 年代初研製的 5.56 毫米步兵班火力支援自動槍械。

　　除比利時軍隊裝備外，米尼米 5.56 毫米輕機槍還出口美國、澳大利亞、加拿大、意大利等國。它採用導氣式自動原理，導氣裝置的氣體調節器有正常位置、應急位置（適用於惡劣環境條件下射擊）和槍榴彈發射位置三擋。它還採用機頭回轉閉鎖方式，槍機的回轉由槍機框定位導槽通過槍機導柱帶動完成，槍機閉鎖在槍管節套內，對機匣的作用力很小。發射機構能控制 3 發或 6 發點射。槍管與機匣之間採用凸輪定位，用一隻手捏住提把即可裝卸槍管。它採用機械瞄具，準星有防護罩，高低、左右方向均可調；後部為照門，可調風偏和高低。它還採用可散彈鏈和 M16 式步槍彈匣供彈，使用彈匣供彈時只需要將彈匣座的活動蓋板打開即可。

比利時米尼米輕機槍（傘兵型）

裝備時間：20 世紀 70 年代
產地：比利時
口徑：5.56 毫米
槍長：1040 毫米
槍重：6.85 公斤
彈頭初速：915 或 965 米／秒

NSVS12.7 毫米
重機槍

NSVS12.7 毫米重機槍是蘇聯 1969 年研製成功的 12.7 毫米分隊火力支援自動槍械。

NSVS12.7 毫米重機槍主要用於對付 800 米以內的輕型裝甲目標和 1500 米以內的火力點、土木工事及 2000 米距離內的有生目標。它也可裝在蘇聯 T-64、T-72、T-80 等坦克上使用。除裝備蘇軍外，它還出口東歐國家等。其採用導氣式工作原理，整個自動機通過鉸鏈連接在一起，可以整體取出，便於戰場擦拭。它採用槍機偏轉式閉鎖機構。拋殼機構採用前方拋殼方式，可避免彈殼打傷、燙傷友鄰人員。其由彈鏈供彈，彈鏈箱可裝 50 發彈。連發射擊方式，每射擊 1000 發後需要更換槍管。可快速更換槍管。它配用 6T7 式槍架。槍架上帶有內設緩衝簧

蘇聯 NSVS12.7 毫米重機槍

的方形肩托，後腳為雪橇式駐鋤，槍架可以平動，能避免槍身跳動，前腳寬大，可適應不同地面使用。沒有高射瞄具，不能實施高射。

蘇聯 NSVS12.7 毫米重機槍

裝備時間：1969 年
產地：蘇聯
口徑：12.7 毫米
槍長：1560 毫米
槍重：25 公斤
槍架重：16 公斤

美國 M60 式 7.62 毫米通用機槍

M60 式 7.62 毫米通用機槍

M60 式 7.62 毫米通用機槍具有結構緊湊，火力較強，射擊平衡性好，易於控制等優點。除裝備美陸軍和海軍陸戰隊外，它還出口西方各國。其有 M60E1、M60E2、M60C、M60D、M60E3 及 M60E4 等多種改進型。它採用導氣式工作原理，導氣裝置利用活塞的運動自動切斷火藥氣體流量，以控制作用於活塞上的能量，無須氣體調節器，結構簡單；閉鎖機構為槍機回轉式，開鎖前的自由行程較長，緩衝器恢復係數小，能吸收大部分後坐能量，因而射速較低；彈鏈供彈；採用機框帶動擊針的擊發機構，擊發機構中帶有擊針簧，但該簧的作用並不是釋放擊針撞擊底火，而是協助機體帶動機頭回轉閉鎖；只能全自動射擊，故擊發機構較簡單。

M60 式 7.62 毫米通用機槍是美國 1957 年定型的 7.62 毫米可連續射擊的自動槍械。

M60 式 7.62 毫米通用機槍

裝備時間：1957 年
產地：美國
口徑：7.62 毫米
槍長：1100 毫米
槍重：10.5 公斤
有效射程：800 或 1100 米

微聲槍

俄羅斯 AS 9 毫米微聲突擊步槍

**微聲槍是發射時聲響
微小的槍械。**

　　微聲槍俗稱無聲槍。它發射時噪聲小，同時具有微光、微煙等特點，主要供偵察兵和特種作戰部隊使用。結構與一般槍械類同，前端裝有較粗的槍口消聲器是明顯的外部特徵。槍口消聲器多種多樣，其消聲器原理通常是將膛內噴出的高壓火藥燃氣封閉在消聲筒內，設法消耗其能量，再緩慢排出槍外。常用的槍口消聲器有三種：①網式消聲器。在槍管前部開有多排側孔，外套內裝捲緊了的金屬絲網。②封閉式消聲器。在槍口部安裝橡皮封閉。③隔板式消聲器。內置多層隔板，從膛口噴出的高壓高溫火藥燃氣，通過各層隔板，多次膨脹減壓，消耗大量能量，減少膛口噪聲。世界上第一個槍口消聲器是 1908 年美國人 H.P. 馬克沁為斯普林菲爾德步槍研製的。

俄羅斯 AS 9 毫米微聲
突擊步槍

裝備時間：無
產地：俄羅斯
口徑：9 毫米
槍長：878 毫米
槍重：2.5 公斤
彈頭初速：295 米 / 秒

俄羅斯 PSS 7.62 毫米封閉式微聲手槍

霰彈槍

霰彈槍是在近距離將許多彈丸、小箭等成束射向目標的肩射滑膛槍械。又稱滑膛槍、獵槍或鳥槍。

霰彈槍是一種在特定條件下完成特定戰鬥任務的有效武器。它多採用火藥作為能源，也有的採用壓縮空氣作能源。其具有可發射成束彈丸，火力猛，首發命中率高，快速反應能力好等特點。它主要用於叢林、城鎮等複雜地形遭遇戰、伏擊戰等突發戰鬥中殺傷近距離目標。大多數國家主要作為警用武器和特種武器，在民間也被大量用作狩獵和射擊比賽用槍。霰彈槍按結構外形，分為單管、並列雙管和上下排列雙管；按發射方式，分為非自動、半自動和全自動；按用途，分為軍用型、警用型、狩獵型和運動比賽型。它採用滑膛槍管，槍膛直徑用口徑號量

美國莫斯伯格 500 系列 12 號霰彈槍

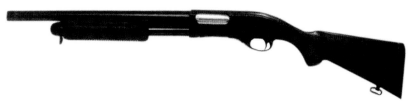

美國雷明頓 M870-1 霰彈槍

度，常用規格為 12 號，12 號霰彈槍的口徑為 18.5 毫米。1690 年，英軍採用的滑膛前裝燧發槍，是西方最早的霰彈槍。

美國雷明頓 M870-1 霰彈槍

裝備時間：1966 年
產地：美國
口徑：18.5 毫米
槍長：1060 毫米
槍重：3.60 公斤
容彈量：7 發

信號槍

信號槍是發射信號彈或其他煙火彈藥的特種槍械。

信號槍用於發射產生不同顏色光、煙的信號彈，用以傳遞命令，提供識別標誌和方位，進行通信聯絡、緊急救援或報警，也可供短時照明。其多為單管的，也有雙管的。它由身管、閉鎖機構、擊發機構、退殼與保險機構及握把等組成。信號彈通常有發光和發煙兩種，可發出紅、綠、黃、白四種光色和紅、藍兩種煙色。發煙信號彈適於在白天使用，以利於遠距離識別。

中國 1957 年式 26 毫米
單管信號槍

中國 1957 年式 26
毫米單管信號槍

裝備時間：1957 年
產地：中國
口徑：26 毫米
槍長：220 毫米
槍重：0.9 公斤
最大射高：大於 90 米

俄羅斯 APS 型 5.66
毫米水下自動步槍

水下槍械

**水下槍械是適用於水下
射擊的近戰水中武器。**

水下槍械主要裝備特種部隊，殺傷水中近距離有生目標。其有水下手槍和水下步槍等。水的密度大於空氣密度 800 多倍，因此彈丸在水中運動阻力很大，速度衰減快，有效射程短，並且隨着入水深度增加而減少，通常在小於 30 米深的淺水範圍內使用。射擊時，槍管內火藥燃氣的壓力和槍械自動機的阻力急劇增大，為保證自動裝填彈藥，復進簧剛度較大，自動機的往復運動是在較大強制力的作用下進行，易使武器部件損壞，水下

自動武器的使用壽命僅為常規自動槍械的 1/3 左右。水下槍械最早出現於 20 世紀 60 年代初期。70 年代，聯邦德國為水下特種部隊研製了 P11 型 7.62 毫米水下手槍，1976 年正式裝備使用。70 年代中後期，蘇聯研

製了 APS 型 5.66 毫米水下自動步槍。

俄羅斯 APS 型 5.66 毫米水下自動步槍

裝備時間：20 世紀 70 年代

產地：蘇聯 / 俄羅斯

口徑：5.66 毫米

槍重：2.7 公斤

彈頭初速：365 米 / 秒

有效射程：11~30 米 (水下)

德國 P11 型 7.62 毫米水下手槍

手榴彈

手榴彈是用手投擲或以手持發射器發射的小型彈藥。

手榴彈俗稱「手雷」,是各兵種通用的作戰與自衛兩用武器裝備。它具有結構簡單、造價低廉、使用方便等優點,配備步兵,用於殺傷有生目標、破壞簡易土木工事或完成其他作戰任務。它一般由彈體和引信(或發火件)兩部分組成。彈體形狀通常為圓柱形、卵形和桶形等。有的還有手柄,彈體內裝炸藥或其他裝填物。其一般採用延期發火件、擊發(拉發)延期引信、觸發引信或延期/觸發兩用引信。手榴彈的歷史,可以追溯到9世紀末10世紀初的唐代末期。宋咸平三年(1000年),唐福向宋真宗獻的火毬,是史料記載最早的手投彈藥。15世紀,歐洲出現了用黑火藥製成、用於城堡和要塞防禦的手榴彈。

中國 82-2S 全塑殺傷手榴彈

比利時伸縮槍榴彈系列

槍榴彈

槍榴彈是用步槍和槍彈發射的彈藥。

　　槍榴彈主要用於殺傷集羣有生目標，打擊近距離的薄壁裝甲車輛，破壞土木工事和火力點，也可用於縱火和施放煙幕等。其具有體積小、重量輕、威力大和操作使用方便，殺傷方式點面結合，殺傷破甲一體化等特點。它適於山地、叢林作戰和城市作戰。使用時，其由槍榴彈、槍彈和裝有槍榴彈發射具的槍械組成武器系統。它由戰鬥部、引信和彈尾部件組成。戰鬥部的結構與手榴彈相似，形狀為圓柱形，內裝炸藥、化學藥劑和其他元件。引信有延期引信、觸發引信、近炸引信和其他引信，使戰鬥部能在最有利時機作用。彈尾部件有尾管和尾杆兩種。

「阿芙樂爾」號巡洋艦

艦艇

艦艇是主要在海洋進行戰鬥或勤務保障
活動的海軍船隻。

中國艦艇編隊航行補給

艦艇廣義上也包括其他軍種、兵種在沿海、江河活動的軍用船隻。又稱軍艦或兵艦。通常正常排水量在 500 噸及其以上的水面戰鬥艦艇稱為艦，500 噸以下的稱為艇；潛艇一般均稱為艇；勤務艦船一般稱為船，少數的按習慣稱為艦，如補給艦、快速支援艦、訓練艦、潛艇母艦等。按使命任務，它分為戰鬥艦艇和勤務艦船。戰鬥艦艇包括水面戰鬥艦艇和潛艇。勤務艦船一般由船體、推進系統、電力系統等構成。艦艇的船體結構一般都比較堅固，適應良好航海性能和較強生命力的要求，但水面艦艇與潛艇的船型和船體結構有較大差異。推進系統主要用以產生和傳輸動力以推進艦艇運動。一般由主發動機、傳動設備、軸系和推進器及推進保障系統、監測與遙控系統組成，還包括減振、降噪、減少熱輻射等隱身技術設施。電力系統主要為艦艇提供電能。一般由電源裝置、配電變電系統和負荷及保障系統、監測與遙控系統等組成。艦載機包括以航空母艦及其他水面戰鬥艦艇、勤務艦船等載艦為基地的固定翼飛機和直升機。武器系統一般包括各種艦炮、導彈、魚雷、

深水炸彈、水雷和反水雷等武器系統。防護系統包括三防（防核、化學、生化武器）系統、損管監控系統、消磁系統、減振降噪設施、船體防腐設施、抗衝擊防護設施等。船體設備與屬具包括錨、舵、繫泊、減搖、海上補給、救生等裝置和設備，航母升降機、彈射器、阻攔裝置和艦載機繫留裝置、潛艇升降裝置、通氣管裝置、空氣再生裝置等特種設備，以及門、窗、梯、蓋等屬具。

中國 2007 號護衛艇

蘇聯「莫斯科」級「列寧格勒」號反潛直升機母艦

英國海軍特混編隊

美國「尼米茲」級航空母艦

「尼米茲」級 航空母艦

「尼米茲」級航空母艦的主要任務是奪取並保持作戰海域的制空權、制海權和制電磁權，對陸上目標實施空中打擊，封鎖海區，保護交通線，支援登陸作戰和瀕海陸上作戰等。其動力裝置為2座壓水堆，4台蒸汽輪機；4台應急柴油機。它通常攜載固定翼飛機、艦載直升機70餘架。其主要艦載武器有八聯裝北大西洋公約組織「海麻雀」艦空導彈發射裝置3座，6管20毫米「密集陣」近程防禦武器系統4座（部分艦上裝有2座「拉姆」艦空導彈發射裝置）。其主要電子系統有三座標對空警戒雷達、遠程搜索雷達、對海搜索雷達、導航雷達、導彈制導火控雷達、航空管制／全自動着艦引導雷達、作戰指揮控制系統、海軍戰術數據庫系統、衛星通信系統等。

「尼米茲」級航空母艦是美國紐波特紐斯造船廠建造的多用途核動力大型水面載機作戰艦艇。

「尼米茲」級航空母艦

首艦裝備時間：1975年
產地：美國
排水量：91487～102000噸
總長：332.9米
寬：40.8米
最大航速：30節以上

「庫茲涅佐夫」號航空母艦

「庫茲涅佐夫」號航空母艦的主要任務是在岸基航空兵作戰半徑以外的海域執行反潛、反艦和防空作戰；擴大海上防禦範圍，確保戰略導彈潛艇安全；破壞敵方海上交通線，支援登陸作戰等。當時它被稱作重型載機巡洋艦。它曾以「第比利斯」號命名。蘇聯解體後，它隸屬俄羅斯海軍，被調往北方艦隊，易名「庫茲涅佐夫」號。「庫茲涅佐夫」號是蘇聯繼「基輔」級之後發展的另一級航空母艦首艦。其動力裝置有鍋爐8座、蒸汽輪機4台，採用4軸推進。它通常攜載固定翼飛機、艦載直升機39架，其中包括戰鬥機18架，教練機4架，反潛、預警直升機17架。其主要艦載武器有SS-N-19遠程艦艦導彈垂直發射裝置12座，SA-N-9艦空導彈垂直發射裝置4座（備彈192枚）等。

「庫茲涅佐夫」號航空母艦是蘇聯烏克蘭尼古拉耶夫造船廠建造的多用途大型水面載機作戰艦艇。

「庫茲涅佐夫」號航空母艦

裝備時間：1990年
產地：蘇聯／俄羅斯
排水量：58500噸
總長：304.5米
航空甲板寬：70米
最大航速：30節以上

「遼寧」號航空母艦

「遼寧」號航空母艦是中國人民解放軍海軍第一艘可以搭載固定翼飛機進行航空作戰的大型水面作戰艦艇。

「遼寧」號航空母艦，前身為蘇聯海軍的「庫茲涅佐夫」級航空母艦2號艦「瓦良格」號航空母艦。20世紀90年代初期，「瓦良格」號航空母艦於烏克蘭建造時適逢蘇聯解體，工程中斷。1995年，「瓦良格」號航空母艦從俄羅斯海軍編制中退出，送交烏克蘭。1999年，中國購買「瓦良格」號航空母艦。2003年，「瓦良格」號航空母艦抵達大連港。2005年，

「瓦良格」號航空母艦交付大連造船廠進行更改安裝及繼續建造。2011年，「瓦良格」號航空母艦開始出海航行試驗。2012年，經中央軍委批准，「瓦良格」號航空母艦命名為「中國人民解放軍遼寧艦」，舷號「16」，交付中國人民解放軍，成為中國第一艘現代航空母艦。2012年，中國國產殲−15艦載機在「遼寧」號航空母艦上着艦成功。

「遼寧」號航空母艦

裝備時間：2012年
產地：中國
正常排水量：54500噸
總長：304.5米
寬：75米
最大航速：29節以上

直升機母艦

直升機母艦是以艦載直升機為主要作戰和保障手段，用於反潛或垂直登陸等任務的大型水面戰鬥艦艇。

直升機母艦廣義上屬航空母艦。設有供直升機用的起降甲板、機庫、升降機和技術保養、加油、裝載彈藥的艙室和設備，裝備有艦空導彈、艦炮和魚雷等自衛武器。按用途，它分為反潛直升機母艦、登陸直升機母艦。①反潛直升機母艦。起降甲板小、升降機少，直升機同時起飛的數量不大；可與驅逐艦、護衛艦協同作戰，航速一般高於登陸直升機母艦；設有吊放式聲吶及反潛魚雷的檢修場地。②登陸直升機母艦。起降甲板大、升降機多，可保證登陸時有足夠多的直升機同時起降；設有從住艙到甲板上的登陸部隊快速輸送電梯、輸送兩棲裝甲車輛的升降機，以及寬大的登陸兵住艙等。直升機母艦是20世紀50年代在垂直登陸作戰理論指導下發展的新艦種。

法國「聖女貞德」號直升機母艦

裝備時間：1964年
產地：法國
排水量：13270噸
總長：182米
寬：24米
最大航速：26.5節以上

法國「聖女貞德」號直升機母艦

戰列艦

戰列艦是裝備有多座大口徑艦炮，曾作為艦隊主力在遠洋作戰的大型水面戰鬥艦艇。

戰列艦又稱戰鬥艦、主力艦。它是「巨艦大炮主義」的象徵。其主要用於攻擊大型艦船和敵岸重要目標，支援登陸作戰等。它具有較厚的裝甲防護和水下防雷隔艙，可搭載多架飛機，攻擊力強，能獨立或與其他艦艇組成編隊遂行海上作戰任務。船體外板增裝舷側斜裝甲和甲板裝甲，水線下舷側板也得到加強，設有防雷隔艙。主動力多為蒸汽輪機，通常3、4台。主炮口徑355～460毫米，通常三聯裝3座以上；副炮口徑亦可達105～155毫米，一般三聯裝，多達16座。第二次世界大戰時期戰列艦主要有日本的「大和」級、美國的「艾奧瓦」級、英國的「英王喬治五世」級、德國的「俾斯麥」級、意大利的「意大利」級。第二次世界大戰中，航空母艦和潛艇的成功運用，使戰列艦逐步退役或封存。

美國「艾奧瓦」級戰列艦

美國「艾奧瓦」級戰列艦

裝備時間：1943 年
產地：美國
排水量：45000 噸
總長：270.43 米
寬：32.97 米
最大航速：33 節

巡洋艦

巡洋艦是裝有導彈、魚雷、艦炮等武器系統和艦載直升機，主要用於在遠洋活動與作戰的大型水面戰鬥艦艇。

巡洋艦的使命任務是為航空母艦編隊和其他艦艇編隊護航，承擔防空、反潛或反艦任務。它也可作為艦艇編隊的主力艦，擔負編隊指揮和防空、反潛、對海、對岸攻擊任務，保衛己方和破壞敵方海上交通線，支援登陸和抗登陸作戰等。巡洋艦一般裝有防空、反艦和反潛導彈，大、小口徑艦炮，反潛直升機，反潛魚雷及電子戰系統；配備有性能先進的雷達、聲吶等探測設備和作戰指揮系統，具有較強的防空、對海、反潛和對岸多種作戰能力。18 世紀風帆戰船時代，對海上編隊中執行巡邏、偵察、護衛任務的船隻泛稱為巡洋艦。19 世紀 60 年代，艦船採用螺旋槳推進後，才開始建造具有近代意義的巡洋艦。

美國「弗吉尼亞」級「阿肯色」號導彈巡洋艦

美國「弗吉尼亞」級「阿肯色」號導彈巡洋艦

裝備時間：1976 年
產地：美國
排水量：8623 噸
總長：173.4 米
寬：19.2 米
最大航速：30 節以上

驅逐艦

驅逐艦是以導彈、魚雷、艦炮和艦載直升機為主要武器，具有多種作戰能力的中型水面戰鬥艦艇。

驅逐艦是海上艦隊編成中的重要艦種之一。它用於艦艇編隊防空、反艦、反潛，以及護航、偵察、巡邏、警戒、佈雷、襲擊岸上目標、支援和掩護登陸等，也可以單獨或協同其他兵力執行任務。它具有水面戰鬥艦艇結構的一般特點。

世界上最早的驅逐艦是1893年英國建成的「哈沃克」號和「霍內特」號魚雷驅逐艦。現代驅逐艦普遍採用導彈垂直發射裝置，可發射艦艦、艦空和反潛導彈，武器配置趨於標準化：對海武器為2座四聯裝反艦導彈發射裝置，1、2座大中口徑炮；反潛武器為2座三聯裝魚雷發射管、1、2架反潛直升機，配置反潛導彈（與艦空導彈共架發射）；防空武器有2座末端防禦小口徑艦炮，配置點防禦艦空導彈或區域防空導彈系統。

中國台灣「基隆」級驅逐艦

美國「佩里」級護衛艦

護衛艦

護衛艦是以導彈、魚雷、艦炮、深水炸彈為主要武器的中型水面戰鬥艦艇。

　　護衛艦用於海上艦艇編隊護航,執行反艦、反潛、防空任務,還可擔負巡邏、警戒、偵察、支援登陸作戰等。按排水量大小,它分為大型護衛艦、中型護衛艦和輕型護衛艦。①大型護衛艦。排水量3000~4000噸級,個別達到5000~6000噸級。航速一般在25~30節,續航力在4000海里以上,有的達到7000海里左右。動力裝置普遍採用柴燃交替動力或全燃氣輪機或全柴油機動力裝置,個別採用柴電燃動力裝置。②中型護衛艦。排水量1500~3000噸級,航速25~30節,續航力4000海里左右,動力裝置普遍採用柴燃交替動力或全柴油機動力裝置。③小型護衛艦。又稱輕型護衛艦,排水量600~1500噸,個別已達2000多噸,航速一般在25~30節,續航力大多在2000海里以上。

美國「佩里」級護衛艦

裝備時間:1977年
產地:美國
排水量:2770噸
總長:135.6米
寬:13.7米
最大航速:30節

中國台灣「康定」級護衛艦

美國「漢密爾頓」級巡邏艦

巡邏艦

巡邏艦是用於在近海水域執行警戒巡邏、護航護漁、搜索救援、海上執法、維護海洋權益、保證資源開發安全和保護海洋環境的中型水面艦艇。

巡邏艦依各國國情和艦艇分類標準的不同，對巡邏艦的稱謂和管理體制也有所不同。日本屬海上保安廳，稱為巡邏艦；美國屬海岸警衛隊，稱為海上安全艦、沿海武裝艇；法國通常稱為通報艦或監視護衛艦。在中國由多個海事部門管理，它被稱為海監船、漁政船、海巡船等。巡邏艦通常裝備中小口徑艦炮1、2座，對海探測、搜索雷達和商用導航雷達各1部，通常還裝備高頻、超高頻和甚高頻通信設施和其他必要的電子設備，建立指揮顯示和目標跟蹤控制系統。有的巡邏艦搭載1架直升機；對沒有能力搭載直升機的巡邏艦，通常配備一艘剛性殼體的快速（30節以上）充氣艇，利

美國「漢密爾頓」級巡邏艦

裝備時間：20世紀60年代
產地：美國
排水量：3250噸
總長：115米
寬：13米
最大航速：29節以上

日本PL51飛驒級巡邏艦

用艦尾坡道或起重機吊放下水和回收，以提高運送、檢查和救援能力。

俄羅斯「毒蜘蛛」III級導彈艇

裝備時間：20世紀70年代
產地：蘇聯／俄羅斯
排水量：455噸
總長：56.1米
寬：11.5米
最大航速：36節以上

俄羅斯「毒蜘蛛」III級導彈艇

導彈艇

導彈艇是以艦艦導彈為主要武器的小型高速水面戰鬥艦艇。

導彈艇又稱導彈快艇。它主要用於近岸、近海海區單艇或與其他兵力協同對敵方水面艦艇實施導彈攻擊，有的也可以用於巡邏、警戒、反潛等。其具有目標小、航速高、機動靈活、攻擊威力大、易於隱蔽突擊等特點。但是耐波性較差，作戰半徑較小，自衛能力較弱。導彈艇多採用滑行艇型、半滑行艇型、排水艇型等。根據噸位的不同，可以分為大、中、小型導彈艇。為減輕重量，它主要採用鋼或鋼和鋁混合結構，也有少數採用全鋁結構。動力裝置多數採用高速柴油機，少數採用柴－燃聯合動力裝置。裝有艦艦導彈2～8枚、單管或雙管20～76毫米艦炮1、2座，以及探測、通信、導航、電子對抗設備和指揮控制系統等，有的還裝備魚雷、艦空導彈。

中國大型導彈艇

魚雷艇

中國 5238 號四管魚雷艇

魚雷艇是以魚雷為主要武器的小型高速水面戰鬥艦艇。

　　魚雷艇又稱魚雷快艇。在其他兵力協同下，它主要在近岸海區以編隊形式對敵大、中型水面艦船實施魚雷攻擊，也可執行反潛、佈雷等任務。魚雷艇體積小，航速高，機動靈活，隱蔽性好，攻擊力強，但耐波性差，活動半徑小，自衛能力弱。艇型有滑行型、半滑行型和水翼型。艇體採用鋁合金、合金鋼、木質、木殼板和金屬骨架混合等材料結構。推進裝置多數採用高速柴油機，少數採用燃氣輪機或柴－燃聯合動力裝置。裝備魚雷發射管2～6具，25～76毫米艦炮1、2座，有的還裝有深水炸彈、水雷發射（佈放）裝置和射擊指揮系統。艇上裝有通信、導航、雷達、紅外探測、夜視等設備。1877年，英國最先研製成「閃電」號魚雷艇。

中國 2215 號水翼魚雷艇

中國 614 號獵潛艇

獵潛艇

獵潛艇是以反潛武器為主要裝備的小型水面戰鬥艦艇。

　　獵潛艇又稱反潛護衛艇。它主要用於在近海搜索和攻擊潛艇，以及巡邏、警戒、護航和佈雷等。獵潛艇航速較高，機動靈活，具有較強的搜索和攻擊潛艇的能力；但適航性較差，防護力較弱，續航力和自給力較小。船型一般為排水型。動力裝置較多地採用高速輕型大功率柴油機，有的也採用柴－燃聯合動力裝置或全燃氣輪機動力裝置。它的裝備有反潛魚雷發射管4～12具，多管火箭式深水炸彈發射裝置2～4座，20～76毫米艦炮1～6座，以及電子對抗系統和指揮控制系統等。獵潛艇最早出現於第一次世界大戰，排水量一般不超過500噸，航速35節左右，沒有聲吶等搜潛設備，只能使用光學儀器、深水炸彈和艦炮搜索攻擊浮出水面或處於潛望鏡狀態的潛艇。

俄羅斯「保科」-1 級獵潛艇

潛艇

潛艇是能潛入水下活動和作戰的艦艇。

中國潛艇編隊

潛艇又稱潛水艇，包括常規動力潛艇和核動力潛艇。它主要用於對陸上目標進行戰略核突擊或常規打擊；進行海上機動作戰，攻擊大中型水面艦艇、潛艇及其編隊；為航空母艦戰鬥羣和驅逐艦、護衛艦編隊護航，保護己方海上交通線；封鎖基地、港口和重要航道，破壞對方海上交通線；執行佈雷、偵察、運輸、救援和遣送特種部隊等任務。它具有低雜訊和良好的水下隱蔽性，有較大的續航力、作戰半徑和自給力，有較強的水下探測能力和突擊威力，可遠離基地，在較長時間和廣闊海域實施獨立作戰。潛艇主要由艇體、動力系統、操艇系統、武器系統、預警探測與偵察情報系統、通信系統、指揮控制系統、水聲對抗系統、導航系統和全船保障

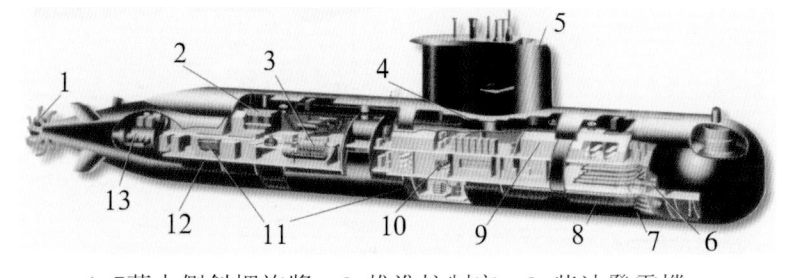

1. 7葉大側斜螺旋槳　2. 推進控制室　3. 柴油發電機
4. 指揮控制室　5. 指揮室圍殼　6. 魚雷儲存艙
7. 魚雷發射管　8. 主蓄電池（前）　9. 上層住艙
10. 下層住艙和廚房　11. 輔機艙　12. 主蓄電池（後）
13. 主電機

澳大利亞「科林斯」級潛艇佈置示意圖

系統等構成。

　　17 世紀初葉至 19 世紀末，是對潛艇的探索和早期發展時期。17 世紀以前，一些國家和探險者曾多次進行水面船潛入水下行駛的探索。20 世紀初至 50 年代末，潛艇性能不斷完善提高，兩次世界大戰促進潛艇快速發展。第一次世界大戰前，各主要國家海軍共擁有潛艇 260 餘艘。戰後，各主要海軍國家更加重視潛艇的發展，種類增多，數量迅速增加，到第二次世界大戰前夕共有潛艇 600 餘艘。70 年代以後，隨着潛艇技術的日臻成熟和國際競爭環境的形成，推動潛艇進入現代化發展階段。至 21 世紀初，潛艇在採用鈦合金材料及複合材料，採用消聲瓦、阻尼層、減振等隱身技術，以及實現信息採集、傳輸、處理、指揮控制的自動化和智能化等方面發展很快；核潛艇總體性能全面提升，武器配置強。

美國「拉斐特」級核潛艇

俄羅斯彈道導彈核潛艇

澳大利亞「科林斯」級常規潛艇

常規潛艇

常規潛艇是以柴油機或柴油發電機組、蓄電池和主電機為推進動力的水下作戰艦艇。

　　常規潛艇主要用於攻擊運輸艦船、大中型水面艦艇和潛艇，以及執行佈雷、偵察、水下運輸、輸送特種作戰人員等任務。它具有尺度較小、機動靈活、雜訊低、隱蔽性好、造價較低等特點，適於在淺海水域作戰使用。常規潛艇主要特點是：①隱蔽性強。②進攻能力強。③下潛深度大。④資訊化、自動化水平高。⑤續航力高。1897 年，美國建成水面使用汽油機、水下使用電動機的「霍蘭」VI 號潛艇，標誌着常規動力潛艇的誕生。20 世紀初，潛艇開始配備火炮、魚雷和水雷武器，並具有較好的適航性和機動性，具備了一定作戰能力。常規潛艇的發展趨勢是：提高以隱身為重點的隱蔽性能；增加水下續航力，降低暴露率；加大下潛深度；裝備巡航導彈和先進的魚雷及水雷等。

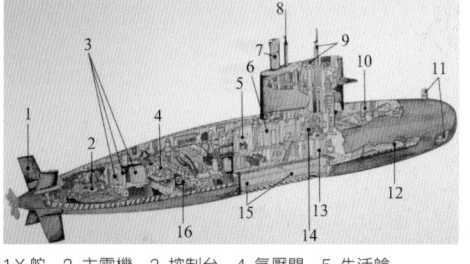

1.X 舵　2. 主電機　3. 控制台　4. 氣壓閥　5. 生活艙
6. 計算機室　7. 通氣管　8. 雷達天線　9. 潛望鏡
10. 逃生口　11. 聲吶　12. 首魚雷艙　13. 升降裝置圍井
14. 指揮控制中心　15. 蓄電池艙　16. 柴油機

荷蘭「海象」級常規潛艇結構示意圖

澳大利亞「科林斯」級常規潛艇

裝備時間：1996 年
產地：澳大利亞
排水量：3051 噸水面，3353
　　　　噸水下
尺寸：77.5 米 ×7.8 米
最大航速：水面 10 節，水下
　　　　　20 節
下潛深度：300 米

中國 406 號彈道導彈核潛艇

核潛艇

核潛艇是以核能為推進動力源的水下作戰艦艇。

　　核潛艇包括彈道導彈核潛艇和攻擊型核潛艇。彈道導彈核潛艇主要用於戰略核打擊和核反擊，是國家核戰略力量的重要組成部分；攻擊型核潛艇用於反艦、反潛、攻擊陸上目標，為航空母艦、大型艦艇編隊及彈道導彈核潛艇護航，以及執行偵察、破交、佈雷、收放無人水下航行器、運送特種作戰部隊等任務。與常規動力潛艇相比，其主要特點是：核反應爐貯存能量大，特別適合潛艇

水下航行和作戰需要；航速高，水下續航力大，能在水下長期隱蔽航行和作戰，可以滿足遠離基地作戰的需要；排水量大，裝載武器多，威力大，攻擊力強。艇體採用水滴形線型，艇上主要武

器：彈道導彈核潛艇以彈道導彈為主，攻擊型核潛艇以飛航式導彈和魚雷為主要武器。

美國第一艘核潛艇「鸚鵡螺」號

美國第一艘核潛艇「鸚鵡螺」號

裝備時間：1954 年
產地：美國
艇重：2800 噸
排水量：水上 3700 噸，水
　　　　下 4040 噸
尺寸：97.5 米 ×8.4 米
吃水：6.7 米

彈道導彈核潛艇

彈道導彈核潛艇是以彈道核導彈為主要武器的有超限航程和自持力的水下作戰艦艇。又稱戰略導彈核潛艇。

蘇聯、美國於1959年分別建成第一艘H級和「喬治·華盛頓」號彈道導彈核潛艇。蘇聯先後發展了H（「旅館」）級、Y（「楊基」）級、D（「德爾塔」）級、「颱風」級共四級9型彈道導彈核潛艇，其中「颱風」級是世界上排水量最大的彈道導彈核潛艇。俄羅斯發展的新一代彈道導彈核潛艇是「北風」級。美國優先發展潛基戰略核武器，先後發展了「喬治·華盛頓」級、「伊桑·艾倫」級、「拉斐特」級、「俄亥俄」級共四級彈道導彈核潛艇，以及「北極星」A-1型、「北極星」A-2型、「北極星」A-3型、「三叉戟」-I型、「三叉戟」-II（D5）型共5型潛射彈道核導彈，後將「俄亥俄」級的前4艘艇改裝成發射巡航導彈和運送特種作戰隊員的多用途潛艇。

可攜帶12～24枚潛地彈道導彈，射程為2000～12000公

俄羅斯「颱風」級彈道導彈核潛艇

里，每枚導彈可攜帶單彈頭、多彈頭或分導式多彈頭，導彈的命中精度、突防能力不斷提高。一般裝有4～6具魚雷發射管，發射反潛導彈、潛艦導彈和魚雷。彈道導彈艙通常佈置於潛艇指揮台圍殼後部，個別佈置於前部（如俄羅斯的「颱風」級）。導彈發射筒通常與艇中心線對稱成兩行垂直配置，穿過耐壓艇體和上層建築，導彈艙內佈置有導彈發射及控制設備，設有均壓、液壓、開蓋、空調、暫態平衡等發射保障設備。導彈發射一般採用燃氣－蒸汽發射裝置，高壓燃氣蒸汽推動導彈從發射筒射出，發射深度為25～60米。為了滿足戰略導彈的使用要求，潛艇上通常裝備有先進的慣性導航、衛星導航系統，星光導航潛望鏡，以及慣導校正設備等，並裝備有短波、極低頻、甚低頻、衛星通信等多種遠距離通信設備。典型的有俄羅斯的「颱風」級彈道導彈核潛艇、美國的「俄亥俄」級彈道導彈核潛艇和法國的「凱旋」級彈道導彈核潛艇。

　　提高戰略導彈的射程、精度和突防能力，進一步增強戰

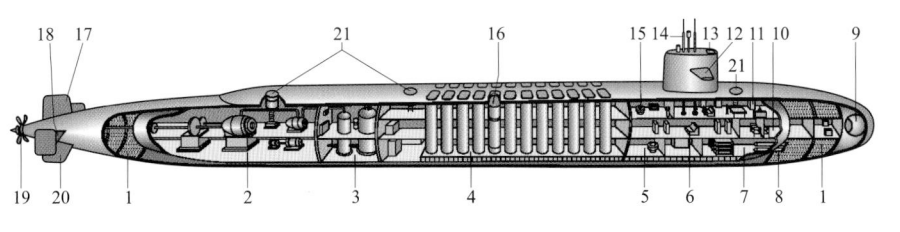

1. 主壓載水艙　2. 主輔動力機艙　3. 核反應堆艙　4. 導彈艙　5. 蓄電池室
6. 導彈控制中心　7. 魚雷艙　8. 魚雷發射裝置　9. 聲吶換能器球形基陣　10. 居住艙
11. 指揮操縱中心　12. 艇首升降舵　13. 指揮室圍殼　14. 升降裝置　15. 導航中心
16. 戰略導彈　17. 垂直尾翼　18. 水平尾翼　19. 螺旋槳　20. 方向舵　21. 出入口

核動力戰略導彈潛艇構成示意圖

中國彈道導彈核潛艇

略核潛艇的打擊威力；降低潛艇雜訊，提高潛艇隱蔽性和生存能力；提高潛艇自主導航、隱蔽通信、聲吶探測能力，以及資訊化水平。

俄羅斯「颱風」級彈道導彈核潛艇

裝備時間：1981 年
產地：蘇聯／俄羅斯
尺寸：172.8 米 ×23.3 米
排水量：水上 24500 噸，
　　　　水下 46000 噸
最大航速：水上 16 節，
　　　　　水下 27 節
下潛深度：500 米

泰國海軍「錫米蘭」級綜合補給艦「錫米蘭」號

勤務艦船

勤務艦船是各種海上作戰保障、技術保障和後勤保障的艦船的統稱。又稱輔助艦船或軍輔船。

勤務艦船的主要任務是為戰鬥艦艇、島嶼部隊提供各種保障和支援，以及執行太空船測控、武器試驗、海洋調查、科學研究、打撈救生和艦員訓練等任務。按承擔的任務，它分為多種類別。①補給艦。用於為航行中的艦船直接補給多種物資、彈藥和人員等。②軍事運輸船。主要用於人員、武器裝備、彈藥、油、水、糧食和各種物資的運輸。③偵察監視船。主要以電子、水聲、光電等技術手段偵察對方艦船上的雷達、通信和聲吶的信號，獲取所需軍事情報。④航海保障船。用於海洋調查及航道、水聲、水文和重力要素測量。⑤防險救生船。用於救援、打撈失事艦艇和落水人員，以及

中國「洪澤湖」號綜合補給艦

美國補給艦編隊

中國「海冰」723 號破冰船

艦員自救等。⑥航天測控船。用於在大洋跟蹤測量運載火箭、衛星、宇宙飛船的飛行軌跡參數，並實施指揮、控制，是戰略彈道導彈試驗和航天飛行器的海上機動測控點。⑦武器試驗船。用於導彈、艦炮、水中武器等新型裝備的試驗。⑧訓練艦。用於多學科多專業訓練。⑨維修供應艦船。用於艦艇航行中修理和補充備品備件。⑩醫療救護船。用於執行海上傷患救護和後送的救援任務，包括醫院船和醫療救護艇。⑪工程船。用於海上、港口、航道、海底工程作業。⑫基地勤務船。用於各種基地保

中國「遠望」3 號航天測控船

障勤務。

19 世紀以前，隨軍征戰的輔助船都是徵用的民船，沒有專門設計建造的勤務艦船。近代水面戰鬥艦艇和潛艇性能的提高，使得作戰範圍更廣，物

資品種多、消耗大，促進了勤務艦船的發展。現代海上作戰更為快速、激烈，彈藥、物資消耗更大，勤務艦船的地位作用大為增強。

印度「喬蒂」號補給艦

補給艦

補給艦是為海上航行艦艇實施直接補給的勤務艦船。又稱航行補給艦或海上補給艦。

補給艦通常伴隨艦艇編隊航行，在航行中對艦艇進行燃料、滑油、淡水、食品、武器彈藥、軍需物資補給和人員輸送，以擴大艦艇作戰海區範圍，提高持續作戰能力。補給艦主尺度大，船型較豐滿，通常船體為雙層底或雙殼體，自持力和續航力較大，排水量從幾千噸到數萬噸，航速15～25節。按所承擔補給任務，其分為綜合補給艦和專業補給艦。①綜合補給艦。可同時為艦艇補給多種補給品，大大縮短補給時間，是各國海軍重點發展的補給艦船。②專業補給艦。專門補給某一種補給品或以補給某一種補給品為主。主要有油水補給船、彈藥補給艦等。

中國海上三艦橫向補給編隊

美國「里維斯·克拉克」號
綜合運輸補給船

軍事運輸船

軍事運輸船是用於向基地
或島嶼運送軍事人員、武
器裝備和其他軍用物資的
勤務艦船。

軍事運輸船和民用運輸船十分相似，大部分按民船標準設計建造或由民船改裝，有些則是直接動員、徵用或利用民船。軍事運輸是一項經常性的任務，隨着戰時軍事運輸任務需求的急劇增加，需要租用和徵用大量民船予以補充。按運輸對象不同，它分為乾貨運輸船、液貨運輸船和兵員運輸船。乾貨運輸船主要包括雜貨船、散貨船、冷藏船、滾裝船、集裝箱船等。液貨運輸船

主要有油船和水船等。兵員運輸船又稱運兵船。以運送部隊人員為主，兼顧運輸部分裝備

及物資。航速一般大於18節，上層建築艙室較多，有完善的生活設施供人員休息。

中國「東油」639號運油船

海洋監視船

海洋監視船是在海洋上監視對方潛艇配置和運動情況的勤務艦船。

　　海洋監視船又稱海洋偵聽船或音響測定船。它主要用於對戰略導彈核潛艇的預警，並發現和掌握在海洋水下、水面和空中活動的目標，判明目標的型號、性質和企圖，測定其運動要素，為己方兵力實施引導和攻擊。一般選用有良好穩定性和適航性的小水線面雙體船，適於長時間在海上執行監視任務。它的主要探測設備有拖曳式線列陣聲呐系統、雷達等，有的還配有1、2架直升機。典型的海洋監視船有美國的「無暇」級、「勝利」級和日本的「響灘」級海洋監視船。2000年8月15日，「勝利」級船「忠誠」號曾監測到俄羅斯失事的「庫爾斯克」號核潛艇爆炸聲信號。其探測系統與衛星通信系統相連，能將獲得的信息即時傳輸到海軍反潛信息處理中心。

美國「勝利」級海洋監視船

美國「勝利」級海洋監視船

裝備時間：1986年
產地：美國
排水量：3396 噸
航速：16 節
自持力：60～90 天
可作業深度：150～3500 米

中國 862 號遠洋打撈救生船

防險救生船

防險救生船是用於援救打撈失事艦艇、飛機、落水人員和進行潛水作業的勤務艦船。

防險救生船的主要作業內容有：為失事潛艇艇員提供生存保障，並打撈沉沒潛艇；對失事水面艦艇實施脫淺離礁、堵漏、排水和拖帶，打撈沉沒水面艦艇；營救遇難艦艇、飛機的落水人員；進行水下施工，清除航道、港灣水下障礙物及其他沉沒物體等潛水勤務；擔負海上科學實驗的防險救生保障等。它主要包括打撈救生船、援潛救生船、潛水工作船、救助工作船、救援拖船、快速救生艇。隨着潛水裝備的發展，19 世紀中期出現了潛水工作船，隨後又發展了打撈、救生等船隻，19 世紀後半期，美國成立了第一個海上救援組織，並裝備有不同類型的防救船隻。20 世紀 50 年代，中國海軍開始裝備潛水工作船和救生船；60 年代裝備近、中海打撈救生船；70 年代裝備遠洋打撈救生船。

中國 710 號救援拖船

中國「遠望」4 號航天測控船

航天測控船

航天測控船是用於在海洋上對航天器和運載火箭實施跟蹤、遙測、通信和指揮控制的勤務艦船。

　　航天測控船又稱導彈、衛星跟蹤測量船。它的主要任務是：在海上測量人造地球衛星、空間站、航天飛機或宇宙飛船等在空間的飛行數據，進行遙控和傳輸指令，營救返回降落在海上的太空人，跟蹤、遙測戰略導彈的飛行軌跡和彈着點，打撈數據艙。一般分為能完成測軌、遙測、遙控和天地通信功能的綜合測控船和性能較單一的遙測船及遙測通信船。綜合測控船作為航天測控網的海上機動測控站，通常裝備有完善的測控系統。主要由無線電跟蹤測量系統、光學跟蹤測量系統、遙測系統、遙控系統、再入物理現象觀測系統、聲吶系統、數據處理系統、指揮控制中心、船位船姿測量系統、通信系統、時間統一系統、電磁輻射報警系統和輔助設備等組成。

中國「遠望」4 號航天測控船

裝備時間：1998 年
產地：中國
排水量：12700 噸
尺寸：長 156.2 米 × 寬 50.6 米
吃水：7.5 米
最大航速：20 節

美國「蘭德」級潛艇母艦

潛艇母艦

潛艇母艦是用於為潛艇提供海上維護修理、物資補給、事故救援等的勤務艦船。

潛艇母艦又稱潛艇維修供應艦或潛艇支援艦。艦上配置有修理車間和修理設備、起重設備等，可進行艇體、核反應爐、機械設備以及導彈、魚雷等武器系統的應急修理。有的還攜載深潛救生器，用於營救失事潛艇艇員脫險。艦上儲存有燃料、淡水、食品、導彈、魚雷及其備品、備件、工具等，為潛艇提供補給，並裝有艦炮等自衞性武器。典型的潛艇母艦有：美國 1964 年建成的「西蒙萊克」級潛艇母艦，排水量 2.15 萬噸，航速 18 節，可同時為 3 艘彈道導彈核潛艇提供維修和供應。美國 1971 年後建成的「斯皮爾」級、「蘭德」級和「凱布爾」號潛艇母艦，排水量 2.4 萬噸，航速 20 節，可同時為 4～6 艘攻擊型核潛艇提供維修和供應。

美國「蘭德」級潛艇母艦

裝備時間：20 世紀 80 年代初期
產地：美國
排水量：滿載 23493 噸
尺寸：長 196.2 米 × 寬 25.9 米
吃水：8.7 米
最大航速：20 節

美國「凱布爾」號潛艇供應艦

艦載直升機起降訓練　廖志勇　攝

艦載機

艦載機是以航空母艦或其他艦船為基地
的海軍飛機和直升機。

航空母艦上停放的各型艦載機

艦載機用於攻擊水面、水下、空中和地面目標,以及遂行預警、偵察、巡邏、電子對抗、垂直登陸、目標指示、補給、救護等保障任務。艦載機與載艦綜合一體,其機動能力、作戰能力和載艦的續航力、機動性有機結合,能遠離陸岸實施機動作戰,以攻為主、攻防兼備,能夠執行多種作戰任務。1910 年 11 月 14 日,美國飛行員 E.B. 伊利從「伯明翰」號巡洋艦上首次駕機起飛,1911 年 1 月 18 日又完成在「賓夕法尼亞」號重型巡洋艦上着艦試驗。此後,美國、英國、日本、俄羅斯等國紛紛開始用改裝的艦船搭載飛機。現代水面艦艇搭載艦載機已普遍化,特別是艦載機與航母構成海軍作戰系統,形成了具有獨立作戰能力的攻防作戰體系,是現代海軍遠海或遠洋作戰的主要手段之一。

由於使命任務、起降場地、使用環境等不同,其結構

美國 C-2A 艦載運輸機起飛離艦

和裝置有諸多特點。艦載機特殊的起降要求：母艦飛行甲板長度和面積有限，受海浪影響產生顛簸，要求艦載機具有更好的短距起降性能，較低的起飛離艦速度和着艦進場速度，以及良好的低速操縱性和穩定性。艦載機特殊的存放和轉運要求：艦載機一般停放在機庫，使用時用升降機將其從機庫甲板提升到飛行甲板上；進入起飛位置前，需要完成甲板牽引、繫留、維護、外掛物安裝等工作，因此飛機結構具有重心較低等特點。特殊的海洋環境要求：艦載機停放、使用的海洋環境，要求機體、發動機和機載電子設備在結構選材、密封、成套附件選擇、維護設計等方面具有「三防」（防潮濕、防鹽霧、防霉菌）功能。

　　艦載機仍是未來海軍航空兵的主力。它將繼續向隱身化、多用途化方向發展，第四代戰鬥攻擊機正進入實用階段；傾轉旋翼飛機將更廣泛地在打擊、保障等更多領域使用；艦載無人機在繼續承擔監視、偵察等任務的同時，將進一步向預警、打擊和火力壓制等領域擴展；機載設備向小型化、數

法國「軍旗」IV P 艦載偵察機

美國 SH-60B「海鷹」艦載反艦直升機

字化、集成化方向發展；機載武器將具有更遠的射程，更精確的打擊能力，一些新概念武器也將在艦載機上使用。

艦載戰鬥機

艦載戰鬥機是主要用於攔截和攻擊空中目標,奪取制空權,兼有對海面和岸上目標攻擊能力的艦載機。

艦載戰鬥機又稱艦載殲擊機。它是海軍執行編隊防空、護航和奪取海戰場制空權的主要力量,具有速度快、爬升率高、火力猛、機動靈活等特點。機載武器主要有遠、中、近程空對空導彈及航炮,也可攜載普通炸彈或精確制導武器實施對艦、對地攻擊。機載設備主要有導航、通信、探測、電子對抗等,包括具有下視、下射能力的多普勒火控雷達、紅外搜索跟蹤裝置、激光測距儀、慣性導航系統和全向雷達告警系統等,其中火控雷達能為空對空導彈遠距離攻擊和全方位攔射提供目標信息。第二次世界大戰期間,艦載戰鬥機開始大量使用,典型的有日本的「零」式,英國的「海噴火」,美國的 F4F「野貓」、F4U「海盜」等,在奪取制空、制海權的戰鬥中發揮了重要作用。

美國 F-4J「鬼怪」艦載戰鬥機

裝備時間:1961 年
產地:美國
翼展:11.7 米
機長:19.2 米
最大平飛速度:2732 公里/時
作戰半徑:680 公里

美國 F-4J「鬼怪」艦載戰鬥機

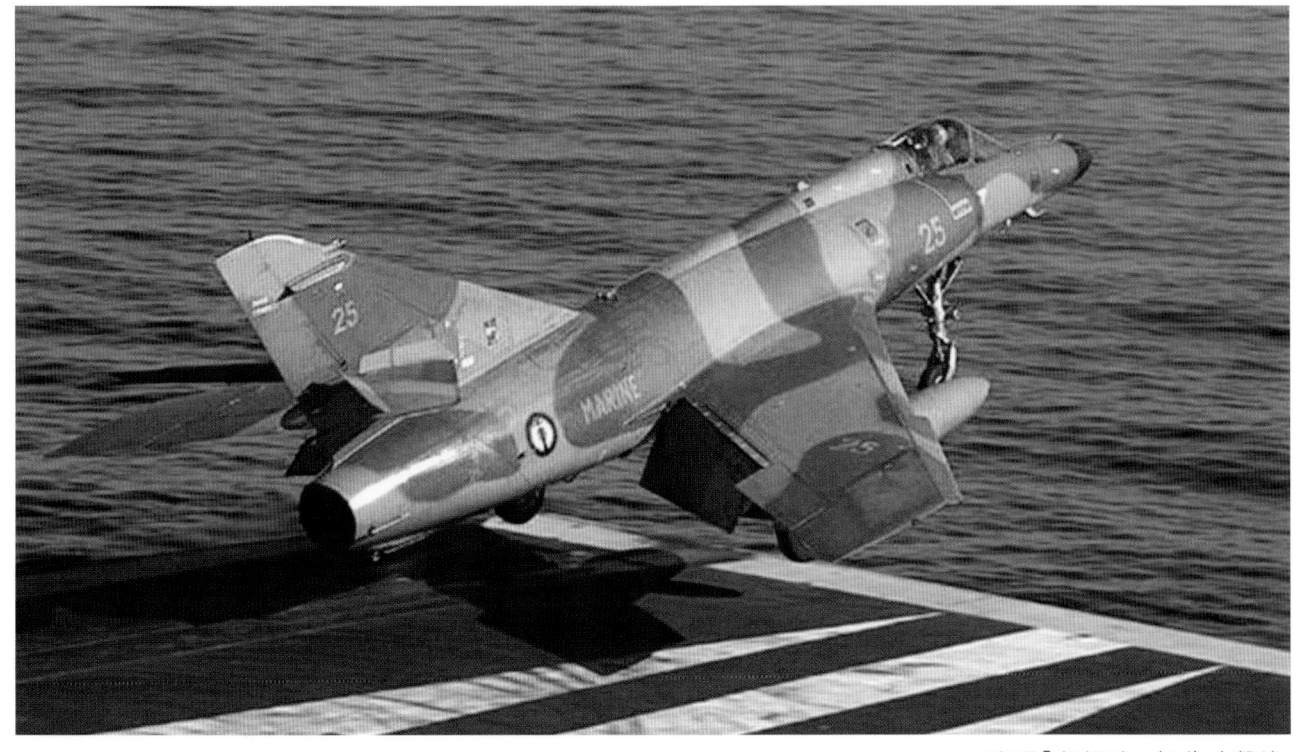

法國「超軍旗」艦載攻擊機

艦載攻擊機是主要從低空、超低空突擊海上和陸上目標並具備一定自衛空戰能力的艦載機。

艦載攻擊機

　　艦載攻擊機又稱艦載強擊機。它是航母編隊對海、對陸的主要突擊力量，並能夠與陸軍、空軍協同作戰，進行直接火力支援。現代艦載攻擊機，按起飛重量，可分為輕型和重型艦載攻擊機。輕型艦載攻擊機主要用於對海上和岸上目標進行常規轟炸、近距支援和淺近縱深遮斷等；重型艦載攻擊機航程遠，載有完善的通信、導航、警戒、火控和電子對抗設備，載彈量較大，配備多種對地攻擊武器，具備全天候作戰能力，用於對縱深目標實施轟炸或導彈攻擊。艦載攻擊機一般採用自動飛行控制系統，配備有慣性導航、塔康、多普勒雷達等導航系統，裝備多功能雷達、前視紅外儀、激光定位跟蹤測距儀、電視攝像儀等。

美國 A-7「海盜」艦載攻擊機

裝備時間：1967 年
產地：美國
翼展：11.80 米
機長：14.06 米
最大平飛速度：1111 公里 / 時
作戰半徑：600 公里

美國 A-7「海盜」艦載攻擊機

法國「陣風」M 型多用途艦載戰鬥攻擊機

艦載戰鬥攻擊機

艦載戰鬥攻擊機是能同時執行空戰和對面攻擊雙重任務的艦載機。

　　艦載戰鬥攻擊機又稱艦載多用途戰鬥機。作為戰鬥機使用時，它主要為艦艇和艦艇編隊及航空兵突擊和轟炸提供空中掩護和支援；作為攻擊機使用時，它主要用於遮斷、近距離空中支援、壓制對方防空力量和攻擊地面、海上目標。艦載戰鬥攻擊機配套齊全，功能完善，既有對空也有對海／對地的武器系統，低空性能比較好。採用電傳操縱系統，配備超高頻／甚高頻電台、數據鏈、慣性導航裝置、多功能顯示器、敵我識別系統、電子對抗系統、脈衝多普勒雷達，以及紅外、激光探測和瞄準設備；配備航炮、紅外和雷達制導空對空導彈、精確制導炸彈、空艦導彈、空地導彈和反輻射導彈等武器。

法國「陣風」M 型多用途艦載戰鬥攻擊機

裝備時間：2002 年
產地：法國
翼展：10.8 米
機長：15.27 米
最大平飛速度：2205 公里／時
作戰半徑：1852 公里

艦載反潛飛機

艦載反潛飛機是用於搜索和攻擊潛艇的艦載機。

美國 S-2A「追蹤者」艦載反潛機

裝備時間：1954 年
產地：美國
翼展：22.12 米
機長：13.26 米
最高速度：450 公里／時
航程：2170 公里

艦載反潛飛機由大型航空母艦攜載，主要任務是為艦艇編隊防潛警戒和反潛，或者獨立進行機動反潛。艦載反潛機低空性能好，搜索海域大，機動性能好，能全天候作戰。其中，機載探測設備主要有雷達、紅外探測儀、磁力探潛儀、廢氣探測儀、定向儀、聲吶浮標等，探測設備同機上航電系統、聲學數據處理機及飛控、顯示系統交聯，能自動對目標進行探測、識別、定位和攻擊；機載攻潛武器主要有反潛導彈、自導魚雷、深水炸彈等。第二次世界大戰期間，艦載反潛機由單發動機攻擊機改裝而成。戰後，美國和法國相繼研製了 S-2「追蹤者」、「貿易風」艦載反潛機。20 世紀 60 年代末至 70 年代末，美國研製了 S-3、S-3A「北歐海盜」反潛機取代 S-2 反潛機。

美國 S-2A「追蹤者」艦載反潛機

法國「貿易風」艦載反潛機

艦載無人機

艦載無人機是以水面艦船為基地，由艦面人員操控或以全自動方式完成整個飛行過程，且可以重複使用的多用途特種作戰飛機。

艦載無人機又稱艦載無人飛行器。在海上作戰中，它主要用於執行早期空中預警、海上情報搜集、中繼通信、電子對抗、探雷等任務，也可進行反艦、反潛和反導作戰。無人機有效載荷較小，設計複雜，涉及的關鍵技術主要包括發射與回收技術、人工智慧技術、通信技術和任務系統小型化技術等。艦載無人機的基本組成包括飛行機體及其任務系統、艦面控制站、發射回收裝置及艦面數據終端等。按照飛行時升力產生的不同形式，其可分為固定翼艦載無人機和旋翼型艦載無人機兩類。典型機型有美國的「火力偵察兵」無人機。20世紀60年代的越南戰爭時期，為了應對潛艇威脅，美國研製了QH-50艦載無人直升機，用於反潛作戰，其主要武器為MK40魚雷。

美國 QH-50 艦載無人直升機

艦載預警機

艦載預警機是主要用於海上艦艇編隊對空、對海預警，搜索、監視空中和海上目標，並能指揮引導己方飛機遂行作戰任務的艦載特種作戰飛機。

艦載預警機包括艦載固定翼預警機和艦載預警／警戒直升機。它具有探測和監控空域大、探測低空超低空目標性能好、指揮控制能力強、反應速度快等特點。最早的艦載預警機出現在第二次世界大戰後期，是裝有警戒雷達的美國TBM-3W艦載飛機。20世紀50年代初，艦載預警直升機問世。通過不斷對雷達、通信和電子偵察設備進行升級改進，艦載預警機逐漸適應對複雜海情和空情的探測要求，探測能力、抗干擾能力、數據處理和綜合指揮引導能力不斷提高。

未來艦載預警機將廣泛採用相控陣雷達技術，改進天線陣安裝方式，提高探測距離、數據處理速度及識別小目標和隱身目標的能力，並採用垂直／短距起降飛機或無人機為載體，實現運載平台多樣化。

E-2C「鷹眼」艦載預警機

裝備時間：1973年
產地：美國
翼展：24.56米
機長：17.60米
最大平飛速度：626公里／時
轉場航程：2865公里

美國 E-2C「鷹眼」艦載預警機

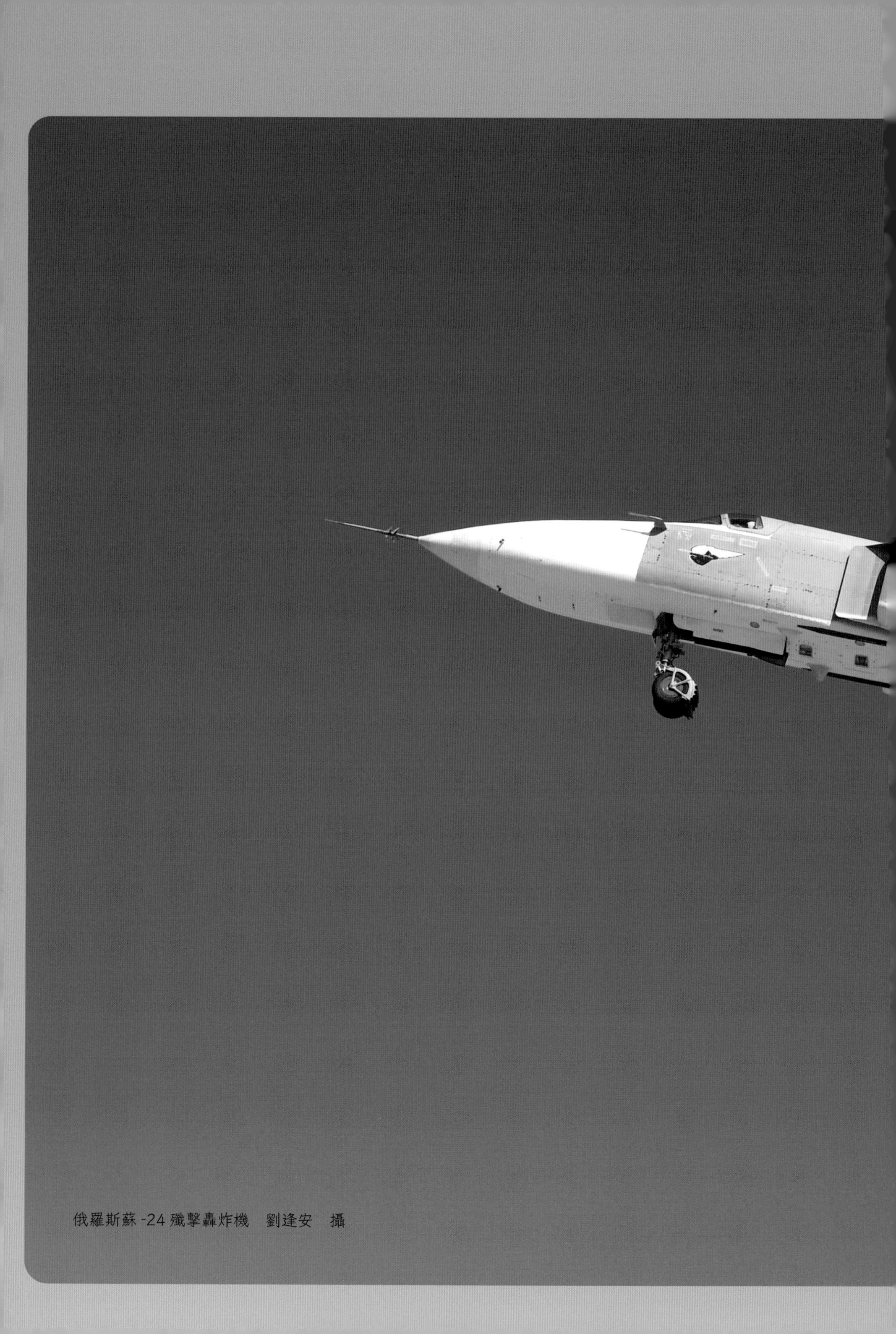

俄羅斯蘇-24殲擊轟炸機　劉逢安　攝

飛機

飛機是有動力裝置和固定機翼、重於空氣的航空器。

瑞典 JAS.39「鷹獅」戰鬥機

中國殲-8 II 殲擊機

美國 F-35 戰鬥機

飛機的動力裝置用於產生推（拉）力或動力升力，機翼用於在大氣中運動時產生升力，也有人把氣球、飛艇以外的航空器泛稱為飛機。1903 年，美國萊特兄弟設計製造的飛機試飛成功，在世界上首次實現了重於空氣的航空器有動力、可操縱飛行。20 世紀 40 年代中期以後，發動機由活塞式發展到噴氣式，飛機的飛行性能顯著提高。飛機有多種分類方法。①依據其用途，它分為軍用飛機和民用飛機。軍用飛機主要包括殲擊機、殲擊轟炸機、強擊機、轟炸機、電子對抗飛機、反潛機、偵察機、預警機、空中加油機、軍用運輸機、軍用教練機等。民用飛機主要包括運輸機（客機、客貨機、貨機）、公務飛機、農業飛機和其他專門用途飛機等。

飛機的主要組成部分有機體、起落裝置、動力裝置、飛行控制系統、機載設備和其他系統等。作戰飛機還有機載武器系統。機體包括機身、機翼和尾翼。起落裝置用於保障飛機起飛、着陸、在地（水）面上停放和滑行中支撐飛機，包括起落架、機翼增升裝置、起飛加速裝置和着陸減速裝置，有的飛機

伊爾 -78 加油機空中加油作業

還有攔阻鉤等。動力裝置是航空發動機及保障發動機工作的各種裝置和系統的總稱。它包括推進系統、啟動系統、操縱系統、燃油系統、滑油系統以及發動機固定裝置、推力方向控制系統和滅火設備等。飛行控制系統用於傳遞操縱指令、驅動舵面和其他機構以控制飛行姿態。機載設備包括機載通信設備、導航設備、雷達、發動機儀錶、電氣設備、環境控制和生命保障設備。

法國「幻影」2000 戰鬥機

殲 -7 殲擊機

殲 -7 殲擊機是上世紀 60 年代中國研製的單發輕型超聲速制空作戰飛機。

殲 –7 殲擊機主要用於國土防空和奪取戰區制空權,並具有一定的對地攻擊能力。整機尺寸小,重量輕,機動性能好,近戰火力強,使用和維護方便。它有 I、II、M、III、殲教 –7(串列雙座教練型)、MG 等多種型別。其中殲 –7 III,裝有雷達和較先進的火控系統,是一種全天候殲擊機,1984 年 4 月 26 日首飛。殲 –7 飛機單人座艙,全金屬半硬殼機身,機頭進氣,大後掠三角形中單翼佈局。動力裝置為一台 WP–7 渦輪噴氣發動機,推力 38.25 千牛,加力推力 56.39 千牛。機上裝一門航空機關炮,機翼下掛架可掛「霹靂」–2 空對空導彈、火箭彈和炸彈等。空機重量 4980 公斤,正常起飛重量 7370 公斤,正常着陸重量 5480 公斤,燃油重量(機內)2085 公斤。

中國殲 -7MG 殲擊機

裝備時間:1984 年
產地:中國
翼展:7.15 米
機長:13.95 米
最大平飛速度:2177 公里 / 時
最大航程:1530 公里

中國殲 -7MG 殲擊機

F-15「鷹」戰鬥機

F-15「鷹」戰鬥機是美國麥克唐納・道格拉斯公司研製的雙發雙垂尾超聲速多用途重型作戰飛機。

F-15「鷹」戰鬥機主要用於奪取戰區制空權，同時具有對地攻擊能力。1972 年 7 月原型機首飛。21 世紀初美國空軍主力戰鬥機之一。它有 A（單座型）、B（雙座教練型）、C（A 型的改型）、D（C 型改裝的雙座教練型）、E（對地攻擊型）、F/I/S（E 型的改型）、J/DJ（日本生產的單座／雙座型）、S/MTD（短距起落技術驗證機）等型別。F-15「鷹」戰鬥機（以 C 型為例），單人座艙，採用正常式氣動佈局，懸臂式切角三角形上單翼。其動力裝置為 2 台 F100-PW-220 渦輪風扇發動機，單台推力 105.7 千牛。機

美國 F-15「鷹」戰鬥機

上裝 AN/APG-70 火控雷達，作用距離 160 公里，可同時跟蹤 10 個目標，攻擊 6 個目標。1991 年海灣戰爭中，F-15「鷹」戰鬥機共出動 5906 架次。它也曾參加科索沃戰爭、阿富汗戰爭和伊拉克戰爭。

美國 F-15「鷹」戰鬥機

裝備時間：1972 年
產地：美國
翼展：13.05 米
機長：19.43 米
最大平飛速度：3063 公里／時
轉場航程：5745 公里

F-16「戰隼」戰鬥機

F-16「戰隼」戰鬥機是美國通用動力公司研製的單發輕型多用途作戰飛機。

F-16「戰隼」戰鬥機主要用於空戰奪取戰區制空權，也可遂行近距空中支援任務。整機尺寸小、重量輕、機動性能好，外掛武器品種多、數量大、火力強，總體作戰效能與法國「幻影」2000 和俄羅斯的米格 -29 相當。它主要有 A 型（單座戰鬥型）、B 型（雙座教練型）、ADF 型（防空截擊型）、C 型（A 型的改進型）等。F-16「戰隼」戰鬥機（以 C 型為例），單人座艙，採用懸臂式中單翼、單垂尾、腹部進氣正常式佈局，應用了「放寬靜穩定」技術，氣動中心前移，由增穩系統自動控制舵面，保持穩定飛行。機上裝 AN/APG-68 脈衝多普勒火控雷達、雷達警戒系統、敵我識別系統、環形激光陀螺慣導系統等設備。其武器配備為：一門 20 毫米 M61A16 管航炮；9 個外掛架。

美國 F-16「戰隼」戰鬥機

美國 F-16「戰隼」戰鬥機

裝備時間：1978 年
產地：美國
翼展：9.45 米
機長：15.03 米
最大平飛速度：2450 公里 / 時
作戰半徑：1252～1604 公里

F/A-22「猛禽」戰鬥 / 攻擊機

F/A-22「猛禽」戰鬥 / 攻擊機是美國洛克希德 · 馬丁公司研製的單座雙發超聲速隱身多用途作戰飛機。

F/A-22「猛禽」戰鬥 / 攻擊機是美國生產的第四代戰鬥機。21 世紀美國空軍的主力機種。1997 年 9 月 7 日第一架生產型樣機 F-22A 首飛。1999 年 11 月開始小批量生產，共生產 58 架，2001 年 11 月開始交付。2002 年 9 月 17 日更名為 F/A-22。2004 年開始批量生產。F/A-22「猛禽」戰鬥 / 攻擊機的氣動佈局和外形結構均按隱身要求設計，蝶形上單翼加全動式平尾，兩片垂直尾翼外斜 29°，菱形不可調進氣口在機身兩側，二元推力矢量噴口設在機身尾部，機體結構大量採用鈦合金（佔結構重量的 41%）。其動力裝置為 2 台 F119-PW-100 小涵道比加力渦輪風扇發動機。機

美國 F/A-22「猛禽」戰鬥 / 攻擊機

上裝 AN/APG-77 低截獲率有源電子掃描相控陣雷達、綜合通信導航目標識別系統、大屏幕顯示器等設備。其武器配備有：一門 20 毫米 M61A2 航炮；機身內置 3 個武器艙。

美國 F/A-22「猛禽」戰鬥 / 攻擊機

裝備時間：2001 年
產地：美國
翼展：13.56 米
機長：18.92 米
最大平飛速度：2083 公里 / 時
航程：2800 公里

米格 -29 戰鬥機

米格 -29 戰鬥機是蘇聯米高揚設計局研製的雙發高機動性超聲速作戰飛機。

米格 –29 戰鬥機被北大西洋公約組織給予綽號「支點」。它可執行截擊、護航、對地攻擊和偵察等任務。其主要型別有：A 型（陸基單座雙重任務型）、B 型（戰鬥教練型）、C 型（A 型的改進型）、S 型（C 型的派生型）等。除在獨聯體國家服役外，它還出口古巴、印度、伊拉克、伊朗、敍利亞、朝鮮、馬來西亞等二十多個國家。米格 –29 戰鬥機（以 C 型為例）採用全後掠下單翼、雙垂尾正常式佈局，進氣口在機身下兩側。其機內裝有 RP–29 脈衝多普勒雷達、激光測距儀，具有下視 / 下射能力，能同時跟蹤 10 個目標並對其中一個目標進行攻擊，搜索距離 70～102 公里，跟蹤距離 70

米格 -29 戰鬥機

公里。其主要武器為一門 30 毫米 GSh–301 航炮；6 個武器掛架。最大武器載重 3000 公斤。

米格 -29 戰鬥機

裝備時間：1983 年
產地：蘇聯
翼展：11.36 米
機長：17.32 米
最大平飛速度：2818 公里 / 時
航程：1500/2900 公里

蘇 -27 戰鬥機

蘇 -27 戰鬥機是蘇聯蘇霍伊實驗設計局研製的雙發超聲速重型制空作戰飛機。

蘇 –27 戰鬥機被北大西洋公約組織給予綽號「側衞」（Flanker）。它具有良好的空戰性能，也可執行對地攻擊任務。其主要型別有：A 型（單座原型機）、B 型（單座陸基型）、SK 型（B 型的出口型）、UB 型（串列雙座教練型）等。除在俄羅斯軍隊服役外，它還出口烏克蘭、白俄羅斯、烏茲別克斯坦、哈薩克斯坦、中國、越南、印度、埃塞俄比亞、印尼等國。在 1989 年巴黎國際航空展覽會上，蘇聯飛行員 V. 普加喬夫駕駛蘇 –27 表演的「眼鏡蛇」特技飛行動作，在航空界引起很大震動。蘇 –27 戰鬥機（以 B 型為例）單人座艙，後掠式中單翼雙垂尾正常式佈局，翼身融合設計，機體結構大量採用鈦合金。機載設備有脈衝多普勒雷達、光學電子瞄準系統、電子對抗系統等。

蘇 -27 戰鬥機

蘇 -27 戰鬥機

裝備時間：1985 年
產地：蘇聯
翼展：14.70 米
機長：21.94 米
最大平飛速度：2879 公里 / 時
作戰半徑：1500 公里

蘇 -30 戰鬥機

蘇 -30 戰鬥機是蘇聯蘇霍伊實驗設計局研製的雙座雙發遠程超聲速多用途作戰飛機。

蘇 –30 戰鬥機在蘇 –27UB 飛機基礎上 1986 年開始設計，共青城飛機製造廠生產。飛機單價約為 3400 萬美元 (1999 年幣值)。它的主要型別有：基本型、M 型 (雙座多用途戰鬥機)、MK 型 (MKI 向印度出口型)、KN 型 (俄空軍裝備改進型)。蘇 –30 戰鬥機 (以 M 型為例) 採用雙垂尾正常式佈局，翼身融合設計，機體結構大量採用鈦合金。其動力裝置為 2 台 AL–31F 渦輪風扇發動機。機載設備在蘇 –27 飛機基礎上進行了改進，增強了作戰能力。可作為空中指揮飛機，一架蘇 –30 飛機可與 4 架蘇 –27 飛機協同，通過無線電資料

蘇 -30 戰鬥機

鏈路將戰術資訊傳遞給其他飛機。其武器配備為一門 30 毫米 GSh–301 航炮；12 個外掛點。最大武器載重 8000 公斤。

蘇 -30 戰鬥機

裝備時間：1992 年
產地：蘇聯
翼展：14.70 米
機長：21.94 米
最大平飛速度：2879 公里 / 時
航程：3000 公里

蘇 -37 戰鬥機

蘇 -37 戰鬥機是俄羅斯蘇霍伊實驗設計局研製的重型超機動性多用途作戰飛機。

蘇 -37 戰鬥機

蘇 –37 戰鬥機是在蘇 –35 飛機基礎上研製的，是俄向新型戰鬥機過渡的一個機型。1996 年 4 月 2 日原型機首飛。蘇 –37 戰鬥機採用縱向靜不穩定的三翼面氣動佈局，與蘇 –27 飛機相比增加了前翼，機翼後緣襟、副翼改為雙縫式。機身結構大量使用鋁鋰合金和碳纖維複合材料，機動性能好，並具有超視距作戰能力。其動力裝置為 2 台 AL–37FU 渦輪風扇發動機。機載設備採用集成式遠程電子控制系統及數字式武器控制系統，多功能電子掃描前視相控陣雷達可同時跟蹤 15 個目標，引導攻擊 8 個目標。其武器配備為一門 30 毫米 GSh–301 航炮，備彈 150 發；14 個外掛點，可攜帶 8000 公斤的武器，可掛載「阿摩斯」(P–37) 空對空導彈、超聲速反輻射導彈、空對地導彈以及炸彈、火箭。

蘇 -37 戰鬥機

裝備時間：1996 年
產地：蘇聯 / 俄羅斯
翼展：15.16 米
機長：22.20 米
最大平飛速度：2500 公里 / 時
航程：3300 公里

「鷂」式戰鬥 / 攻擊機

「鷂」式戰鬥 / 攻擊機是英國航宇公司設計生產的世界上第一種實用型垂直 / 短距起降亞聲速多用途作戰飛機。

「鷂」式戰鬥 / 攻擊機具有垂直起降、平飛快速、空中懸停和倒退飛行等特點。其主要用於近距空中支援和戰術偵察，也可用於空戰。「鷂」式飛機採用帶下反角的後掠上單翼和單垂尾、下反平尾佈局。其機載設備有 AN/APG–69 脈衝多普勒火控雷達、慣性導航系統、前 / 後視雷達告警接收機、全天候着陸接收機以及箔條彈 / 曳光彈投放器等。其武器配備為：機身下裝 2 門 30 毫米「阿登」航炮；7 個外掛點。1982 年的英國、阿根廷馬爾維納斯羣島戰爭中，英軍「鷂」式飛機首次參戰，執行截擊任務，擊落對方飛機 16 架。在 1991 年海灣戰爭中，美國海軍陸戰隊有 86 架 AV–8B 參戰，共出動 3342 架次，有 7 架飛機被地面火力擊落。在阿富汗戰爭和伊拉克戰爭中，美國和英國的「鷂」式飛機參加了作戰。

英國「鷂」式戰鬥 / 攻擊機

英國「鷂」式戰鬥 / 攻擊機

裝備時間：1982 年
產地：英國
翼展：9.04 米
機長：13.87 米
最大平飛速度：1186 公里 / 時
航程：3300 公里

「陣風」戰鬥機

「陣風」戰鬥機是法國達索飛機製造公司研製的雙發多用途超聲速作戰飛機。

　　「陣風」戰鬥機具有高機動性、短距起降、超視距作戰和一定的隱身能力。它是21世紀初世界上最先進的戰鬥機之一。其主要任務是截擊、近距支援和空中遮斷。其主要型別有B型（雙座空軍型）、C型（單座空軍型）、D型（單座空軍隱身型）、M型（單座海軍艦載型）。「陣風」戰鬥機採用「三角鴨翼近距耦合」氣動佈局，數字式電傳飛行控制系統，有極限超載自動保護、故障情況下系統重組及抗顛簸等功能。其動力裝置為2台M88-2渦輪風扇發動機。機上裝配具有下視／下射能力的RBE2雷達和「尤利斯」52慣性導航系統等先進電子設備，可同時跟蹤8個目標，能自動評估目標威脅程度，排定優先攻擊順序。其武器配備為：一門30毫米「德發」航炮，14個外掛架。

法國「陣風」戰鬥機

裝備時間：2000年
產地：法國
翼展：10.80米
機長：15.27米
最大平飛速度：2205公里／時
巡航速度：950公里／時

法國「陣風」戰鬥機

EF2000「颱風」戰鬥機

EF2000「颱風」戰鬥機是英國、德國、意大利和西班牙四國聯合研製的雙發超聲速多用途作戰飛機。

EF2000「颱風」戰鬥機有短距起降能力，用於執行防空和奪取空中優勢任務，也有對地攻擊能力。1986 年 6 月，英國宇航公司、德國宇航公司、意大利阿萊尼亞公司和西班牙航空製造公司聯合成立 EFA（歐洲戰鬥機）公司，負責 EFA 的研製和生產。1992 年 12 月，改稱 EF2000。1994 年 3 月 27 日第一架原型機首飛。1998 年正式命名為「颱風」。其有單、雙座兩種機型。四國計劃購買 775 架（英國 250 架，德國 250 架，意大利 165 架，西班牙 110 架）。2001 年開始批量生產，2002 年 10 月交付第 1 架生產型飛機。EF2000「颱風」戰鬥機（以單座型為例）採用「遠距

英、德、意、西四國聯合研製的 EF2000「颱風」戰鬥機

耦合」大三角翼無尾鴨式佈局，四餘度主動控制數字式電傳操縱系統，具有按任務自動配置的能力。腹部進氣，機體大量採用碳纖維複合材料。

EF2000「颱風」戰鬥機

裝備時間：2002 年
產地：英國、德國、意大利和
　　　西班牙
翼展：10.95 米
機長：15.96 米
最大平飛速度：2450 公里／時
作戰半徑：600 公里

A-10「雷電」攻擊機

美國 A-10「雷電」攻擊機

A-10「雷電」攻擊機是美國費爾柴爾德公司設計製造的雙發亞聲速對地作戰飛機。

A-10「雷電」攻擊機主要用於攻擊坦克、戰場上的活動目標和重要火力點。1975 年 2 月預生產型飛機首飛，1984 年 3 月停產，共生產 713 架。它主要裝備美國空軍，有 A（單座生產型）、N/AW（全天候雙座型）、B（雙座教練型）和 OA-10（觀察攻擊機）等型別。A-10「雷電」攻擊機採用雙垂尾正常式佈局，大彎度平直下單翼。其動力裝置為 2 台 TF34-GE-100 高涵道比渦輪風扇發動機。其武器配備為：一門 30 毫米 GAU-8/A7 航炮；11 個外掛架（8 個翼下，3 個機身下）。其最大外掛重量 7250 公斤。在 1991 年海灣戰爭中，有 136 架 A-10 和 12 架 OA-10 參加實戰，共出動 8077 架次。在科索沃戰爭中，A-10 投擲 3.1 萬枚貧鈾彈。2003 年 3 月，A-10 參加了對伊拉克的戰爭行動。

美國 A-10「雷電」攻擊機

裝備時間：1975 年
產地：美國
翼展：17.53 米
機長：16.26 米
最大平飛速度：706 公里 / 時
作戰半徑：463～1000 公里

F-117A「夜鷹」攻擊機

F-117A「夜鷹」攻擊機是美國洛克希德・馬丁公司研製的單座雙發亞聲速隱身對地作戰飛機。

F-117A「夜鷹」攻擊機是世界上第一種實用的隱身作戰飛機。它主要用於隱蔽突破對方火力配系，使用精確制導武器攻擊指揮中心、戰略要地、交通樞紐等重點目標。至 1990 年停產時，共生產 5 架預生產型和 59 架生產型飛機。F–117A「夜鷹」攻擊機採用雙樑式下單翼，V 型尾翼佈局，外形呈錐狀多面體，表面由多個小平面拼成。全金屬半硬殼機身，部分採用複合材料，表面塗吸波塗料。其動力裝置為 2 台 F404–GE–F102 無加力式渦輪風扇發動機。尾噴管上裝紅外篩檢程式，以降低紅外特性。1989 年 12 月 21 日，F–117A 在美國對巴拿馬的軍事行動中首次參加實戰。1991 年海灣戰爭中，美國有 42 架 F-117A 參戰，出動 1300 架次，投彈 2000 噸。1999 年 3 月 27 日，一架 F–117A 在空襲南斯拉夫聯盟共和國時被地空導彈擊落。

美國 F-117A「夜鷹」攻擊機

裝備時間：1982 年
產地：美國
翼展：13.21 米
機長：20.09 米
最大平飛速度：1040 公里 / 時
作戰半徑：1112 公里

美國 F-117A「夜鷹」攻擊機

B-2「幽靈」轟炸機

B-2「幽靈」轟炸機是美國諾斯羅普 - 格魯門公司研製的戰略突防隱身對地打擊作戰飛機。

B-2「幽靈」轟炸機的主要任務是從高空或低空突破敵方的防空系統，對戰略目標實施核打擊或常規轟炸。雷達反射截面積 0.1～0.4 平方米，僅為 B-52 飛機的 1‰，是世界上第一種真正具有隱身性能的轟炸機。B-2「幽靈」轟炸機採用無尾三角形飛翼式佈局，機身與機翼融合在一起，蜂窩式結構，大量採用複合材料，可收放式前三點起落架。其動力裝置為 4 台 F118-GE-100 無加力式渦輪風扇發動機。出於隱身考慮，發動機進氣道和排氣口設在機翼上表面。乘員 2 人（飛行員和任務管理員，必要時可乘 3 人）。機身的背上有空中受油口。1999 年 5 月 8 日，美國出動 B-2 轟炸機，使用精確制導炸彈，襲擊中國駐南斯拉夫聯盟共和國大使館，炸毀館舍並造成多名人員傷亡。

美國 B-2「幽靈」轟炸機

裝備時間：1993 年
產地：美國
翼展：52.12 米
機長：21.00 米
最大平飛速度：990 公里／時
航程：11675 公里

美國 B-2「幽靈」轟炸機

B-52「同温層堡壘」轟炸機

B-52「同温層堡壘」轟炸機是美國波音公司研製的亞聲速超遠程對地打擊作戰飛機。

B-52「同温層堡壘」轟炸機可執行空中封鎖、攻擊防空與海上目標、反艦、佈雷等任務，有A、B、C、D、E、F、G、H等型別。1962 年 10 月交付最後一架，共生產 744 架。2004 年，有 85 架 B-52H 型轟炸機在美國空軍服役，9 架在美國空軍後備役部隊服役，其他型機已退役。B-52「同温層堡壘」轟炸機（以 H 型為例）動力裝置為 8 台 TF33-P-3 渦輪風扇發動機。美軍在越南戰爭溪山戰役期間，共出動 B-52H 型轟炸機 2548 架次，投彈 59542 噸。在 1991 年海灣戰爭中，出動 1741 架次，投彈 72000 枚 27000 噸，佔美軍所有參戰飛機投彈總重量的 30%。在阿富汗戰爭中，B-52H

美國 B-52「同温層堡壘」轟炸機

型轟炸機從迪戈加西亞島起飛，對阿富汗進行轟炸。在伊拉克戰爭中，B-52H 型轟炸機發射 AGM-86C/D 常規空射巡航導彈 153 枚，投擲聯合直接攻擊彈藥、風力修正彈等 6300 枚。

美國 B-52「同温層堡壘」轟炸機

裝備時間：1955 年
產地：美國
翼展：56.39 米
機長：47.05 米
最大平飛速度：1014 公里 / 時
最大航程：16093 公里

圖-160 轟炸機

圖-160 轟炸機是蘇聯圖波列夫設計局研製的四發變後掠翼超聲速超遠程對地打擊作戰飛機。

圖-160 轟炸機是 20 世紀世界上最大的作戰飛機。北大西洋公約組織給予綽號「海盜旗」（Blackjack）。至 1992 年停產時，包括原型機在內共生產 30 多架，其中 19 架部署在烏克蘭境內（2000 年 2 月烏克蘭轉交俄羅斯 8 架）。21 世紀初，俄空軍共裝備 20 架。圖-160 轟炸機採用變後掠翼佈局，圓形細長機身，懸臂式下單翼。其動力裝置為 4 台 NK–32 渦輪風扇發動機。機組人員 4 名。機頭上方有可收式空中受油探管。其機載設備主要有：機頭裝有導航／攻擊雷達（有地形跟隨能力）；前機身下部整流罩內裝有攝像機用於輔助武器瞄準，有主、被動電子對抗設備，並集成 100 個數字處理器和 8 部數字式導航計算機；機上裝有預警雷達、天文和慣性導航系統等。

蘇聯／俄羅斯圖-160 轟炸機

蘇聯／俄羅斯圖-160 轟炸機

裝備時間：1987 年
產地：蘇聯／俄羅斯
翼展：55.70～35.60 米
機長：54.10 米
最大平飛速度：2000 公里／時
作戰半徑：2000 公里

EA-6B「徘徊者」電子戰飛機

美國 EA-6B「徘徊者」電子戰飛機

EA-6B「徘徊者」電子戰飛機是美國格魯門公司在 EA-6A 飛機基礎上研製的艦載特種作戰飛機。

EA-6B「徘徊者」電子戰飛機的主要作戰任務是施放電子干擾，對敵方電子設備進行軟殺傷，使用反輻射導彈攻擊敵方地面雷達。至 1991 年 7 月停產時共生產 170 架。EA-6B「徘徊者」電子戰飛機的氣動佈局和外形尺寸與 A-6 攻擊機大體相同，但機頭加粗，垂直尾翼頂端有一流線型整流罩，內裝高靈敏度電子接收裝置。乘員 4 人（飛行員、轟炸／領航員和 2 名電子設備操作員）。機上除裝有衛星導航系統、座艙顯示系統和通信設備外，還配備 AN/ALQ-99F 雜波干擾系統、AN/ALQ-149 通信干擾機、AN/ALE-39 干擾物投放器以及能精確測定敵方雷達位置的先進電子設備等。AN/ALQ-99F 雜波干擾系統包括 10 部干擾機，分裝在 5 個吊艙內。EA-6B 電子戰飛機在越南戰爭、海灣戰爭、科索沃戰爭等多次局部戰爭和地區作戰中使用。

美國 EA-6B「徘徊者」電子戰飛機

裝備時間：1971 年
產地：美國
翼展：11.16 米
機長：18.24 米
最大平飛速度：982 公里／時
航程：3255 公里

EC-130H「羅盤呼叫」電子戰飛機

EC-130H「羅盤呼叫」電子戰飛機是美國洛克希德·馬丁公司在 C-130 運輸機基礎上研製的特種作戰飛機。

EC-130H「羅盤呼叫」電子戰飛機主要用於對敵方空軍無線電通信和指揮系統以及導航等設備實施干擾。1981 年首飛。美國空軍共裝備 18 架。EC-130H「羅盤呼叫」電子戰飛機動力裝置為 4 台 T56-A-15 渦輪螺旋槳發動機。其機載設備有 AN/ALR-62 告警系統、SPASM 干擾系統、AN/APQ-122 多功能雷達、AN/APN-147 多普勒雷達、AN/AAQ-15 紅外偵察系統、AN/ARN-52 塔康導航系統等。翼下吊艙和飛機尾部有刀形天線和下垂天線，飛機尾部的下垂天線在飛行中可伸展數百米，以接收敵方通信信號。在海灣戰爭、科索沃戰爭、阿富汗戰爭和伊拉克戰爭中，EC-130H「羅盤呼叫」電子戰飛機在干擾和破壞對方軍事通信系統方面發揮了重要作用。

美國 EC-130H「羅盤呼叫」電子戰飛機

裝備時間：1982 年
產地：美國
翼展：40.41 米
機長：29.79 米
最大平飛速度：583 公里 / 時
航程：7560 米

美國 EC-130H「羅盤呼叫」電子戰飛機

E-3「望樓」預警機

E-3「望樓」預警機是美國波音公司用波音707-320B型民用機改裝的遠程空中預警和控制特種作戰飛機。

E-3「望樓」預警機是21世紀初美國主要的空戰指揮與控制飛機。它用於在各種地形上空監視有人飛機與無人駕駛飛行器,有A型(首批生產型,機艙內裝9台多用途控制台和2台輔助顯示器)、B型(A型的改進型,裝12台多用途控制台和3台輔助顯示器,提高了目標處理能力)等。除美國軍隊裝備外,它還出口英國、法國和沙特阿拉伯等國家。E-3「望樓」飛機以波音707-320B型機為基礎,更換發動機,加裝旋轉天線罩與電子設備。其動力裝置為4台TF33-PW-100/100A渦輪風扇發動機。它可載17名乘員。其機載設備包括搜索雷達、敵我識別器、數據處理、通信、導航與引導、數據顯示與控制6個分系統。在海灣戰爭、科索沃戰爭、阿富汗戰爭和伊拉克戰爭中,該飛機曾擔負空中預警與控制任務。

美國 E-3「望樓」預警機

美國 E-3「望樓」預警機

裝備時間:1977 年
產地:美國
翼展:44.42 米
機長:46.61 米
最大平飛速度:853 公里 / 時
最大航程:9266 公里

A-50 預警機

A-50 預警機是蘇聯伊留申設計局在伊爾-76 運輸機基礎上改型研製的特種作戰飛機。

A-50 預警機北大西洋公約組織給予綽號「中堅」。它用於配合米格–29、米格–31 和蘇–27 飛機執行防空和戰術作戰任務。其發展型有 A–50U、A–50I 和 A–50M。A–50 飛機在伊爾–76 運輸機基礎上加裝了有下視能力的空中預警雷達，加長了前機身。其動力裝置為 4 台 D–30KP 渦輪風扇發動機。機頭裝有氣象雷達、導航和地形測繪雷達、衛星導航／通信系統、衛星數據鏈路、電子對抗設備、敵我識別器和顯示器等。它可探測和跟蹤地（水）面低空飛行的飛機和導彈。紅外告警接收機可探測 1000 公里以內的戰術中程導彈和海上發射的導彈。可同時跟蹤 50 個目標，並可同時制導和截擊 10 個目標。在 1991 年海灣戰爭期間，蘇聯每天出動 2 架 A–50 飛機 24 小時不間斷地監視美國從土耳其飛往伊拉克的飛機和艦射巡航導彈。

蘇聯 A-50 預警機

裝備時間：1984 年
產地：蘇聯
翼展：50.50 米
機長：46.59 米
最大平飛速度：800 公里／時
實用升限：12000 米

蘇聯 A-50 預警機

U-2「灰色的幽靈」偵察機

U-2「灰色的幽靈」偵察機是美國洛克希德‧馬丁公司研製的高空遠程特種作戰飛機。

　　U-2「灰色的幽靈」偵察機主要用於高空全天候區域監視，有 A、B、C、D、R、S 等型別。其中 R 型為 U-2 的改進型，機體和翼展加長，偵察能力強，1966 年 8 月開始研製，1967 年 8 月首飛，1968 年開始裝備部隊。U-2S 型機 1994 年首次飛行。1998 年美空軍將全部 R 型機改裝成 S 型機，共 35 架，其中用於執行偵察任務的 31 架，執行教練任務的 4 架。機上載有多種高分辨率照相機和高級合成孔徑雷達系統、全天候晝夜數字成像系統，能同時攜帶圖像情報和信號情報感測器。1960 年 5 月 1 日，一架 U-2 飛入蘇聯領空被擊落。1960 年中國台灣當局接受美國援助 U-2 型機，其後對中國大陸多次偵察，有 5 架被擊落。在越南戰爭、海灣戰爭、科索沃戰爭、阿富汗戰爭和伊拉克戰爭中，美國多次使用 U-2 型機執行偵察任務。

美國 U-2「灰色的幽靈」偵察機

美國 U-2「灰色的幽靈」偵察機

裝備時間：1956 年
產地：美國
翼展：31.39 米
機長：19.13 米
最大航程：7240 公里
實用升限：27430 米

SR-71「黑鳥」偵察機

SR-71「黑鳥」偵察機是美國洛克希德‧馬丁公司研製的高空高速特種作戰飛機。

美國 SR-71「黑鳥」偵察機

裝備時間：1966 年
產地：美國
翼展：16.95 米
機長：32.74 米
最大平飛速度：3920 公里 / 時
作戰半徑：1930 公里

SR–71「黑鳥」偵察機專門用於對敏感地區戰略目標進行空中偵察和情報搜集，有 A（戰略偵察型）、B（串列雙座教練型）、C（A 型改裝的教練型）三種型號。A 型機於 1963 年 2 月開始研製，1964 年 12 月開始試飛，1966 年 1 月交付使用，共生產 25 架。B 型機 1966 年 1 月交付使用，共生產 2 架。C 型機生產 1 架。SR–71「黑鳥」偵察機採用無尾帶邊條的三角翼、翼身融合體雙垂尾佈局，在結構上大量採用鈦合金，全機塗成黑色。其動力裝置為 2 台 JT11D–20B 渦輪噴氣發動機。其特種設備包括偵察照相機、紅外和電子探測器、AN/APQ–73 合成孔徑側視雷達等。1990 年 1 月，SR–71 機 全部退役。1995 年，美國空軍又重新啟用 3 架，作為後備機動偵察力量。

美國 SR-71「黑鳥」偵察機

「全球鷹」無人駕駛偵察機

「全球鷹」無人駕駛偵察機是美國特里達‧瑞安航空公司研製的高空大型長航時無人駕駛特種作戰飛機。

「全球鷹」無人駕駛偵察機主要用於執行高空、超遠程和長航時的監視偵察任務。「全球鷹」採用大展弦比下單翼、「V」形尾翼正常式佈局，機翼採用碳纖維複合材料，機身為鋁合金材料。其動力裝置為一台 AE3007H 渦輪風扇發動機，裝在後機身上部。它可同時攜帶光電 / 紅外感測器、合成孔徑雷達和信號偵察設備，通過衛星數據鏈進行視頻信號傳輸，能近即時地提供高分辨率的地面圖像，並直接回饋給地面部隊。在 20000 米高度，能識別地面停放的各種飛機、導彈和車輛的類型，監視範圍 137320 平方公里。2001 年 11 月，「全球鷹」無人駕駛偵察機首次用於實戰，參加美軍對阿富汗的偵察行動。在 2003 年伊拉克戰爭中，用於目標偵察監視，提供了大量圖像情報。

美國「全球鷹」無人駕駛偵察機

美國「全球鷹」無人駕駛偵察機

裝備時間：2001 年
產地：美國
翼展：35.42 米
機長：13.53 米
巡航速度：635 公里 / 時
活動半徑：5560 公里

巴西 EMB-312「巨嘴鳥」教練機

教練機

教練機是為訓練飛行人員專門研製或改裝的輔助作戰飛機。

法國、聯邦德國聯合研製的「阿爾法」噴氣式教練機

教練機主要用於訓練飛行員。與科學的訓練體制相結合，選用適當的教練機並合理搭配進行飛行訓練，可提高訓練品質。教練機的座艙內，安裝兩個座椅和兩套聯動的飛機、發動機操縱機構，分別供教員和學員使用。座椅的排列方式有並列式和串列式兩種。並列式是在同一座艙內教員與學員並列而坐，便於教員及時細緻地了解學員的操縱動作和反應能力等情況。串列式的兩個座椅分別安裝在前後毗連的兩個單人座艙內，學員在前艙，教員在後艙，後艙座椅比前艙座椅略高，前、後艙內裝有同樣的操縱機構和儀錶板。串列式佈局具有機身橫截面積較小的優點，學員在單人座艙內學習掌握飛行技能，有利於培養獨立處置飛行情況的能力和向駕駛作戰飛機過渡。

「阿爾法」噴氣式教練機

裝備時間：1975 年
產地：法國、聯邦德國
翼展：9.11 米
機長：13.23 米
最大平飛速度：M0.85
轉場航程：2780 公里

C-17A「環球霸王」運輸機

C-17A「環球霸王」運輸機是美國麥克唐納‧道格拉斯公司研製的用於戰略／戰術力量投送的特種作戰飛機。

C-17A「環球霸王」運輸機用於執行遠程戰略運輸任務，亦可完成向前線運送補給的戰術任務。它綜合利用 C-5 飛機的載重性能和 C-130 飛機的短距起降性能，懸臂式上單翼。其動力裝置為 4 台 F117-PW-100 渦輪風扇發動機，有空中受油裝置。其機載設備有數字式電傳操縱系統、複式大氣數據計算機、先進數字式電子系統、4 台彩色多功能顯示器、2 台全飛行範圍平視顯示器等。貨艙可載運 102 名乘客或傘兵，或 48 名擔架傷患，或 2 輛並列的 5 噸載重貨車、3 輛並列的吉普車，或 3 架 AH-64A 武裝直升機。它有先進的自動裝卸貨設備，包括導軌、滾珠、滾棒系統，以及繫留環等，

美國 C-17A「環球霸王」運輸機

裝卸速度快。C-17A 運輸機先後在科索沃戰爭、阿富汗戰爭和伊拉克戰爭中執行戰略和戰區空運任務。

美國 *C-17A*「環球霸王」運輸機

裝備時間：1992 年
產地：美國
翼展：50.29 米
機長：53.04 米
巡航速度：907～943
轉場航程：9432 公里

KC-135「同温層油船」加油機

KC-135「同温層油船」加油機是美國波音公司在波音367-80型試驗研究機基礎上設計製造的中短程輔助作戰飛機。

KC-135「同温層油船」加油機主要擔負為遠程轟炸機空中加油，也為美國空軍、海軍、海軍陸戰隊及盟國飛機提供加油支援，兼負運輸任務。它是美國空軍的主力加油機，共生產724架。其主要型別有：A型（標準型）、E型（改進型）、R型（A型的改裝型）、C-135F型（為法國生產的加油機）。KC-135「同温層油船」加油機（以A型為例）動力裝置為4台J57-P-59W渦輪噴氣發動機。機組4人，空機重量44663公斤，最大起飛重量134715公斤，最大載油量92118公斤，最大供油量46800公斤，加油點1個，加油方式為硬管，加油率12.68～21.97公斤/秒，

美國 KC-135「同温層油船」加油機為預警機加油

實用加油半徑1850公里。在越南戰爭、海灣戰爭、科索沃戰爭、阿富汗戰爭和伊拉克戰爭中，KC-135加油機曾擔負作戰保障任務。

美國 KC-135「同温層油船」加油機

裝備時間：1957年
產地：美國
翼展：39.88 米
機長：41.53 米
最大速度：965 公里 / 時
實用升限：15240 米

彈道導彈

彈道導彈是在火箭發動機推力作用下按程序飛行，關機後按自由拋物體軌跡飛行的戰略、戰術打擊武器。

蘇聯 SS-4「涼鞋」地地導彈

彈道導彈整個飛行彈道分為主動段和被動段。飛行彈道主動段是導彈在火箭發動機推力和制導系統作用下，從發射點到火箭發動機關機時的飛行軌跡；飛行彈道被動段是導彈從火箭發動機關機點到彈頭爆炸時，按照在主動段終點獲得的給定速度和彈道傾角作慣性飛行的軌跡。第二次世界大戰末期，德國首先研製並使用了 V–2 導彈。戰後，美、蘇等國重視發展彈道導彈。20 世紀 40 年代中期至 50 年代末，蘇聯和美國先後研製成功 SS–4、SS–5 導彈和「雷神」戰略導彈。70 年代法國研製了 S–2、M–20 導彈。戰術導彈迄今已發展了三代。50 年代初至 60 年代初生產的第一代戰術彈道導彈。60 至 70 年代生產的第二代戰術彈道導彈。70 年代以後發展的第三代戰術彈道導彈。

彈道導彈按作戰使命，分為戰略彈道導彈和戰術彈道導彈；按發射點與目標位置，分為地地導彈、潛地彈道導彈；按射程，分為洲際彈道導彈（8000 公里以上）、遠程彈道導彈（5000～8000 公里）、中程彈道導彈（1000～5000 公里）、近程彈道導彈（1000 公里以內）；按使用推進劑，分為液體推進劑彈

道導彈和固體推進劑彈道導彈；按發動機級數，分為單級彈道導彈和多級彈道導彈。其主要特點：①導彈彈道大部分處於稀薄大氣層內。②導彈多無彈翼，沒有或者只有很小的尾翼，起飛品質和體積大，結構複雜。③導彈彈頭與導彈彈體之間、彈體各級之間的連接常採用分離式結構。④為提高突防和打擊多個目標的能力，戰略彈道導彈可攜帶多彈頭和突防裝置。⑤通常採用垂直發射方式。

　　未來發展趨勢是採用複合制導系統，研製和開發先進的制導系統，提高制導精度；簡化發射裝置，實現地面設備的模塊化、小型化、自動化，進一步提高導彈的機動性；採用小型發動機和高能推進技術，提高射程；發展大威力、高效能的整體爆破彈頭、集束式子母彈頭、帶末制導的多彈頭和機動式多彈頭，以適應打擊不同目標的需要。

美國 MGM-31B「潘興」II 地地導彈

SS-24「解剖刀」導彈

SS-24「解剖刀」導彈是蘇聯研製的固體地地洲際打擊武器。

SS-24「解剖刀」導彈的本國代號為 PC-22。它主要用於攻擊各類戰略目標，命中精度較高，具有打擊硬目標的能力。20 世紀 70 年代後期開始研製，1982 年 10 月進行首飛試驗，部署於俄羅斯、烏克蘭等地。有井下固定發射和鐵路機動發射兩種型號。它採用分導式多彈頭，內置 10 個核子彈頭，每個子彈頭威力為 50 萬噸梯恩梯當量。其動力裝置為三級分段式固體火箭發動機，第一級採用丁羥推進劑，第二、第三級使用丁羥加奧克托今推進劑，起飛推力約 2000 千牛。採用自主式慣性制導系統。鐵路機動發射採用鐵路機動運輸發射車，導彈水平狀態裝入發射筒內，沿鐵路線機動，到達預定發射點時起豎導彈實施發射。

蘇聯 SS-24「解剖刀」地地導彈

蘇聯 SS-24「解剖刀」地地導彈

裝備時間：1987 年
產地：蘇聯
彈長：23.3 米
彈徑：2.4 米
起飛質量：104.5 噸
最大射程：10000 公里

俄羅斯「白楊」-M 地地導彈

「白楊」-M 導彈

「白楊」-M 導彈是俄羅斯研製的固體地地洲際打擊武器。

　　「白楊」–M 導彈 1994 年 12 月 24 日進行首次飛行試驗，到 1997 年 7 月 8 日成功地進行了 4 次飛行試驗。首批 2 枚發射井發射的導彈於 1997 年 12 月 24 日在烏拉爾南部的塔吉謝沃導彈基地部署。彈頭為 55 萬噸梯恩梯當量單彈頭。它的主要技術特點：採用了新型火箭發動機、雷達與紅外隱身一體化的新型材料；採取特殊的飛行彈道，彈頭進行了抗核加固，提高了生存能力和導彈突防能力；作戰反應時間 5 分鐘。有發射井和公路車載機動發射兩種發射方式。公路機動發射車裝有快速定位系統，可在行進路線上任意地點發射，並能保證命中精度。

俄羅斯「白楊」-M 地地導彈

裝備時間：1997 年

產地：俄羅斯

彈長：22.7 米

彈徑：1.86 米

起飛質量：約 47 噸

射程：10500 公里

美國 LGM-30G「民兵」III 地地導彈

LGM-30「民兵」導彈

LGM-30「民兵」導彈是美國波音公司研製的固體地地洲際打擊武器。

LGM-30「民兵」導彈主要用於戰略核打擊。1961年2月進行首次試驗發射。有「民兵」I、「民兵」II 和「民兵」III。「民兵」I、「民兵」II 已退役。「民兵」III 導彈，是美國研製的第一種分導式多彈頭導彈。核彈頭採用 MK12（或 MK12A）分導式多彈頭：MK12 品質 907 公斤，內裝 3 個子彈頭，威力各為 17.5 萬噸梯恩梯當量；MK12A 品質 955 公斤，內裝 3 個威力各為 33.5 萬噸梯恩梯當量的子彈頭。母彈頭通過末助推控制系統改變彈道，依次沿軸向投放子彈頭，落點間距離可達 60～90 公里或更遠。其動力裝置為三級分段式固體火箭發動機，第一級推力為 912 千牛，第二級推力為 270 千牛，第三級推力為 155.5 千牛。採用由陀螺穩定平台、數字計算機、放大器組件、電子控制裝置等組成的 NS–20 型慣性制導系統。

美國 LGM-30G「民兵」III 地地導彈

裝備時間：1970 年
產地：美國
彈長：18.26 米
彈徑：1.67 米
起飛質量：34.5 噸
最大射程：13000 公里

MGM-118A「和平衛士」導彈

MGM-118A「和平衛士」導彈是美國馬丁·瑪麗埃塔航空航天公司（主承包商）研製的三級固體地地洲際打擊武器。

MGM–118A「和平衛士」導彈又稱 MX 導彈。至 1993 年共部署 50 枚。它主要用於攻擊加固的導彈發射井、指揮中心等硬目標。核彈頭採用 MK21 分導式多彈頭，內裝 10 個子彈頭，每個子彈頭重 194 公斤，彈頭威力 47.5 萬噸梯恩梯當量。其動力裝置由三級分段式固體火箭發動機和末助推級液體火箭發動機組成。第一級推力 2237 千牛，第二級推力 1332.8 千牛，第三級推力 343 千牛，發動機殼體均用「凱芙拉」纖維纏繞而成。末助推級液體火箭發動機包括一台提供軸向推力的主發動機和 8 台姿控發動機，推力為 13.3 千牛。導彈制導系統由高級慣性參考球平台和計算機系統等組成。高級慣性參考球平台是一種無框架浮球平台，能自行校準和對準，具有抗振、全姿態穩定等特點。

美國 MGM-118A「和平衛士」地地導彈

裝備時間：1986 年

產地：美國

彈長：21.6 米

彈徑：2.34 米

起飛質量：88.45 噸

射程：11100 公里

美國 MGM-118A「和平衛士」地地導彈

MGM-31「潘興」導彈

MGM-31「潘興」導彈是美國馬丁·瑪麗埃塔航空航天公司研製的兩級固體火箭發動機地地戰術打擊武器。

MGM-31「潘興」導彈有 1（基本型）和 2（發展型）兩種型號。主要作戰任務是進行戰區核火力支援，具有摧毀硬目標的作戰能力。

「潘興」1 導彈動力裝置為兩級固體火箭發動機，用聚丁二烯丙烯酸、過氯酸銨、16% 鋁粉作推進劑，第一級發動機推力為 119 千牛，第二級為 69.2 千牛。採用全慣性制導系統。發射方式為牽引車機動發射，整個導彈系統可借助套具裝在 4 輛履帶車上進行空運。為適應任務的需要，1965 年對「潘興」1 導彈制導系統和地面設備進行改進，改進後的導彈稱「潘興」1A 導彈。改進的重點是把導彈制導和控制系統的模擬式改為數字式，把採用玻璃纖維增強材料製作的空氣舵改為鑄鋁空氣舵，其他並無多大變化。

美國「潘興」1 導彈

美國「潘興」1 導彈

裝備時間：1958 年
產地：美國
彈長：10.51 米
彈徑：1010 毫米
起飛質量：4.6 噸
最大射程：724 公里

「烈火」導彈

「烈火」導彈是印度研製的地地中程戰略打擊武器。

印度「烈火」地地導彈

「烈火」導彈簡稱「火」導彈。它是印度「綜合制導導彈開發計劃」(IGMDP) 的主要專案，由印度國防研究與發展組織 (DRDO) 和國防研究與發展研究所負責研製，巴拉特動力有限公司生產。其有「烈火」–TD/TTB 和「烈火」–1 等型號。「烈火」–TD/TTB 導彈是印度為發展重返大氣層技術和制導技術而生產的低成本試驗型導彈。該型導彈只生產幾枚即停產。導彈彈體為長細的圓柱體，頭部呈錐狀，4 片尾翼呈「×」形配置。導彈彈頭重 1 噸，可攜帶爆破彈頭（烈性炸藥）、子母彈頭或化學彈頭，也可採用核彈頭。其動力裝置為兩級火箭發動機，第一級是固體火箭發動機，推進劑為聚丁二烯丙烯腈固體燃料，推力 196 千牛以上；第二級是液體火箭發動機，推進劑為硝酸和混胺。

「烈火」-TD/TTB 導彈

裝備時間：1989 年
產地：印度
彈長：21 米
彈徑：1.3 米
起飛質量：16 噸
射程：2500 公里

中國『紅箭』-9反坦克導彈　劉逢安　攝

反坦克導彈

反坦克導彈是用於擊毀坦克和其他裝甲目標及堅固工事的導彈。

第一代反坦克導彈出現於 20 世紀 40 年代，由法國首先開始研製。第二次世界大戰後，法國、蘇聯等國相繼研製成功並陸續裝備了幾種反坦克導彈。比較典型的有：法國的 SS.10、蘇聯的 AT–3、日本的 64 式「馬特」、英國的「旋火」、意大利瑞士聯合研製的「蚊」等。其技術特點是：採用三點法導引，目視瞄準與跟蹤，手動操縱，有線傳輸指令制導。這一代導彈結構簡單，品質較輕，使用方便，價格便宜，但飛行速度較低，對射手技術水平要求高、命中概率低，至 70 年代初基本退役。60 年代末至 70 年代末，第二代反坦克導彈相繼問世。比較典型

的有：以色列的「瑪帕斯」、蘇聯的 AT–4、美國的「龍」、法國與聯邦德國聯合研製的「霍特」等。其技術特點是：採用三點法導引，光學瞄準與跟蹤，紅外半主動制導。這一代導彈多採用筒式發射，飛行速度多在高亞聲速範圍，制導精度高（命中精度在 90% 以上）；配備夜視儀，可在夜間和能見度不良的天候條件下使用。但是，導彈在命中目標前，射手仍須用瞄準鏡跟蹤目標。70 年代以後，針對複合裝甲、間隔裝甲和主動裝甲等新型裝甲的出現，提高導彈戰鬥部威力便成為研製的重點。經過數年對現有導彈的改進之後，到 80 年代中期，第三代反坦克導彈

開始出現。比較典型的有：美國的「海爾法」，蘇聯的 AT–9，法國、德國和英國聯合研製的「催格特」等。其技術特點是：採用激光半主動制導、紅外成像制導、毫米波尋的制導等自主式制導，具有「發射後不管」功能。這代導彈一般都射程遠，威力大，命中精度高，能同時攻擊多個目標。

反坦克導彈是反坦克導彈武器系統的主要組成部分。它具有有效射程遠、命中精度高、破甲威力大、品質輕、機動性好等優點，成為反裝甲目標和堅固工事的有效武器。其可從地面、車上和直升機上發射。由戰鬥部、動力裝置、

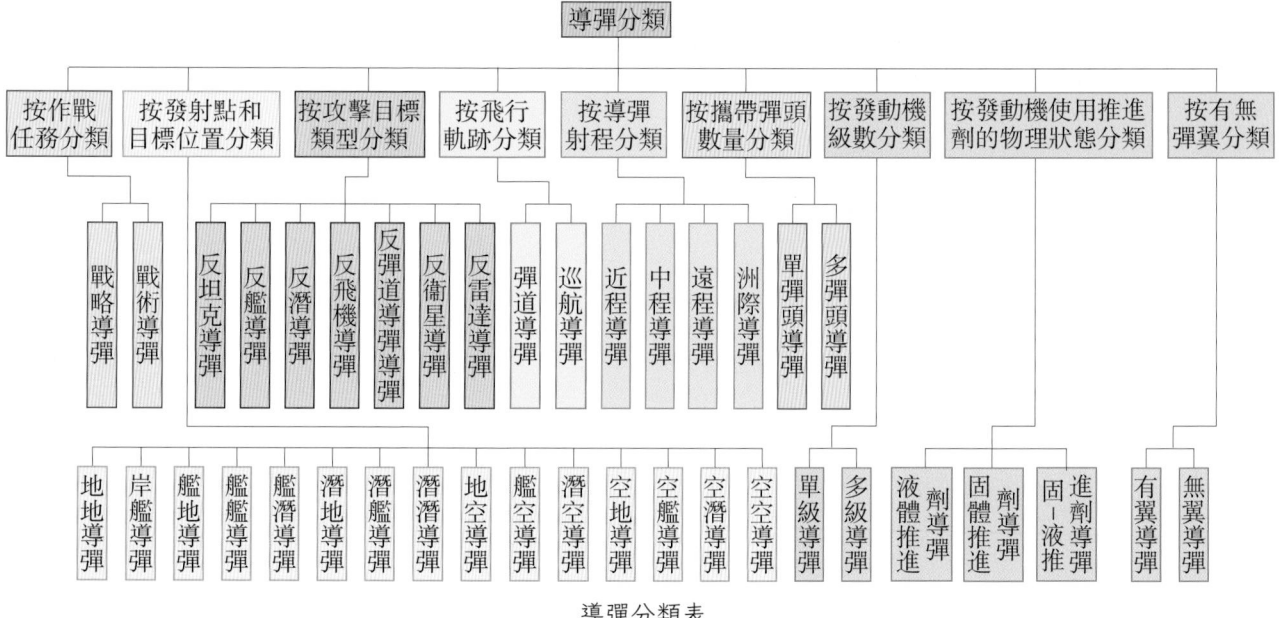

導彈分類表

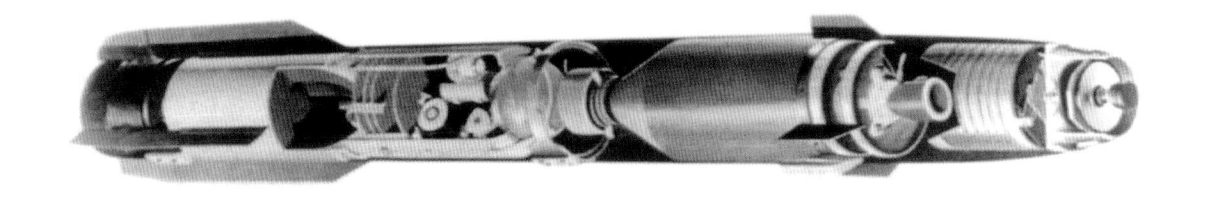

美國研製的「海爾法」反坦克導彈示意圖

彈上制導系統、彈體和彈上電源組成。戰鬥部是反坦克導彈的有效載荷，是摧毀目標的能源，引信作為戰鬥部的組成部分，能夠依靠環境資訊和目標資訊適時、可靠引爆戰鬥部裝藥；動力裝置通常指安裝在反坦克導彈上的發動機，用固體推進劑產生推力，以保證反坦克導彈獲得所需速度和射程；彈上制導系統是反坦克導彈制導系統的一部分，由彈上控制儀器、穩定飛行裝置和控制機構等組成。其作用是將導引系統傳輸來的控制指令綜合、放大，形成綜合控制指令驅動控制機構工作，產生控制反坦克導彈作機動飛行的操縱力。尋的制導的反坦克導彈制導系統

全部裝在彈上；彈體是具有良好氣動外形的殼體，由彈身外殼、彈翼、舵翼組成。反坦克導彈彈身頭部為錐形或橢球形，中間呈圓柱形，尾部是截錐形。彈上電源為彈上各用電部件提供電能，有些反坦克導彈採用對控制信號進行整流濾波所得到的直流電作為電源，有些則採用熱啟動電化學系列固體電池作為電源，平時呈固態不供電，便於存儲和運輸，熱啟動後電解質發生電化學反應產生電能對外供電。20 世紀 80 年代以後，世界各國裝備的反坦克導彈不斷改型，多用途反坦克導彈以及敏感子母彈、分導多彈頭和遠距離攻擊集羣坦克的反坦克導彈正在研製之

中。反坦克導彈未來的發展方向是：進一步提高導彈的命中精度和抗干擾能力；發展自鍛成型彈丸、敏感子母彈等新型戰鬥部，提高破甲威力和「一彈多用」能力；研製高性能的夜間觀瞄器材，提高夜戰能力；採用高性能發動機，提高導彈飛行速度，增大射程，能夠遠距離攻擊集羣坦克。

「陶」反坦克導彈

「陶」反坦克導彈是美國休斯飛機公司研製 1970 年裝備美軍的一種重型導彈。

　　「陶」反坦克導彈與發射制導裝置組成的導彈武器系統。它可車載和直升機機載發射，也可步兵便攜發射。其主要用於攻擊坦克、裝甲車輛等目標，也可攻擊防禦工事等固定目標。破甲威力 600 毫米。採用單級聚能破甲戰鬥部和機電保險觸發引信，動力裝置由兩個固體火箭發動機組成，制導方式為光學瞄準、跟蹤，紅外半自動有線指令制導。當導彈攻擊目標時，射手操作控制手柄，通過回轉裝置，使光學瞄準具的十字線對準目標，以捕獲和跟蹤目標。射手按擊發按鈕，向目標發射導彈。1978 年開始改進，20 世紀 80 年代後裝備美軍等外軍的有「陶」改、「陶」2、「陶」2A 和「陶」2B 等型號。

「陶」反坦克導彈發射

「陶」反坦克導彈

裝備時間：1970 年
產地：美國
直徑：152 毫米
全長：1.2 米
彈頭重：18.5 公斤
最大速度：360 米 / 秒

美國「標槍」反坦克導彈發射

「標槍」反坦克導彈

「標槍」反坦克導彈是20世紀90年代美軍裝備的中型便攜式導彈。

「標槍」反坦克導彈主要用於中距離攻擊主戰坦克和各種裝甲車輛，也可用於打擊堅固的掩體、工事以及用於對付直升機等目標。導彈採用正常式氣動佈局，安裝有8個彈翼，4個後掠尾翼，破甲厚度750毫米。配用串聯式聚能破甲戰鬥部，動力裝置為固體火箭發動機，採用紅外成像制導方式。導彈發射後能自動跟蹤、攻擊目標，不需要人為干預，實現「發射後不管」。發射時，打開發射筒前密封蓋，合上可移動製冷器，激勵熱瞄具和導引頭，使導引頭中心線與瞄準具十字線重合，鎖定目標，導引頭進入跟蹤狀態。鎖定目標後，即可發射導彈，導引頭在飛行中自動跟蹤目標，直至命中。導彈一旦發射，射手即可立即隱蔽、轉移或重新裝彈、捕捉另一個目標。

「標槍」反坦克導彈

裝備時間：1996 年
產地：美國
直徑：127 毫米
全長：1.1 米
彈頭重：11.8 公斤
最大速度：532 米 / 秒

「海爾法」反坦克導彈

「海爾法」反坦克導彈是洛克韋爾公司為美國陸軍研製的一種直升機機載重型導彈。

「海爾法」反坦克導彈又稱 AGM-114。它與激光目標指示器和機載發射系統組成導彈武器系統。其主要配備在 AH-64A 攻擊直升機上,攻擊坦克、裝甲車及其他堅固的點目標。破甲厚度 1400 毫米,採用雙錐串聯式聚能破甲戰鬥部和觸發引信,動力裝置採用單級固體發動機,制導方式為比例導引、激光半主動制導。它採用直接和間接兩種瞄準方式,直接瞄準發射時,導引頭可在發射前鎖定目標,也可在發射後的飛行過程中鎖定目標,即導彈先爬升並搜索目標,發現目標後迅速下降,攻擊坦克頂

「海爾法」反坦克導彈發射

部。間接瞄準發射時,射手通過火控系統面板的選擇開關,使裝有程式的自動駕駛儀控制導彈,越過遮蔽物,導引頭捕獲到目標

發射的激光信號後,立即鎖定目標。

「海爾法」導彈採用模塊化設計方法,根據不同的作戰目

美國直升機掛載的「海爾法」反坦克導彈

標和氣象條件選用不同的制導系統和戰鬥部，因而可一彈多用，能從直升機發射，也可以車載發射；不僅能反坦克，也能攻擊登陸艦艇、直升機和地面工事。

「海爾法」反坦克導彈

裝備時間：1985 年
產地：美國
直徑：178 毫米
全長：1.8 米
彈頭重：45.7 公斤
最大速度：475 米／秒

戰術導彈

戰術導彈是用於毀傷戰術目標的近程打擊武器。

戰術導彈多為常規戰鬥部，用於打擊戰役戰術縱深內的敵方機場、橋樑、港口、碼頭、雷達站、指揮所、炮兵陣地、導彈發射陣地、交通樞紐，以及飛機、坦克、艦艇等目標，支援部隊作戰，或進行獨立作戰。射程遠近不一，近者數百米，遠者數百公里，有的可達上千公里。第二次世界大戰末期，德國最早研製出 V–1 和 V–2 戰術導彈。1954 年美國研製出「鬥牛士」海基戰術巡航導彈，同年生產出世界上最早的「獵鷹」空空導彈。1991 年海灣戰爭中，美國使用「愛國者」導彈攔截 SS–1B「飛毛腿」導彈，取得良好戰績；使用 MGM–140 陸軍戰術導彈攻擊伊拉克的機場、後勤中心、戰場指揮所、導彈發射陣地等軍事目標，對取得戰爭的最終勝利發揮了很大的作用。

戰術導彈的動力裝置多為固體火箭發動機和空氣噴氣發動機，有的也採用液體火箭發動機或組合發動機。導彈制導系統有自主式制導系統、尋的制導系統、遙控制導系統，並多用其中兩種或兩種以上方式組成複合制導系統。如攻擊固定目標的地地戰術導彈多採用自主式制導系統，攻擊活動目標的地空導彈、艦空導彈、空空導彈多採用尋的制導、遙控制導系統，反艦導彈多採用複合制導系統。多採用常規戰鬥部，有的也採用核戰鬥部或特種戰鬥部。常規戰鬥部有爆破、侵徹爆破、殺傷、破甲和穿甲戰鬥部。導彈彈體由各艙段及空氣動力面聯結而成，具有良好的氣動力外形，用來安裝戰鬥部、制導系統、推進系統等。通常用輕合金或複合材料製成。

戰術導彈按發射點與打擊目標位置，分為地地導彈、空

中國 HQ-2 號地空導彈

地導彈、岸艦導彈、空艦導彈、艦艦導彈、潛艦導彈、地空導彈、艦空導彈、空空導彈；按打擊對象，分為反坦克導彈、反飛機導彈和反輻射導彈；按飛行軌跡，分為戰術彈道導彈和戰術巡航導彈。戰術導彈的發展趨勢是：武器系統向機動化、數字化方向發展；戰鬥部趨向小型化、大威力，更加突出破壞效應；研發新的制導技術，進一步提高命中精度；發展機動的多發聯裝的箱式發射裝置，縮短戰鬥準備時間，提高反應速度。

中國 C-601 空艦導彈

中國 HY-4 反艦導彈

V-2 導彈

V-2 導彈是德國在第二次世界大戰期間研製的液體火箭發動機地地近程戰術打擊武器。

V-2 導彈德文全稱Vergeltung-swaffe-2，意為「報復者」2 號。其累計生產約 6000 枚。它是世界上最早用於實戰的彈道導彈。導彈彈體為圓柱形，頭部呈錐形，尾部有 4 個呈「x」形配置的矩形彈翼（其中兩個帶空氣舵）。它由導彈彈頭、燃燒劑儲箱、箱間段、氧化劑貯箱、儀器艙和尾段等部分構成。彈頭重 1000 公斤，內裝 800 公斤炸藥。其動力裝置為 1 台泵壓式液體火箭發動機，用酒精作燃燒劑，以液氧作氧化劑，噴口處裝有 4 個石墨燃氣舵。採用位置捷聯式慣性制導系統，導彈發射方式為地面發射台垂直發射，發射準備時間為 4～6 小時。1944 年 9 月 8 日 至 1945 年 3 月 27 日，德軍向英國首都倫敦發射了 4300 多枚 V-2 導彈，2000 多枚在倫敦市區爆炸。

德國 V-2 地地導彈

德國 V-2 地地導彈

裝備時間：1943 年
產地：德國
彈長：14 米
彈徑：1.65 米
起飛質量：約 13 噸
射程：240～370 公里

「青蜂」導彈

「青蜂」導彈是中國台灣地區研製的液體地地近程戰術打擊武器。

　　「青蜂」導彈是20世紀70年代後期開始研製，80年代初試射成功，1981年10月在台北首次公開露面。導彈命中精度（圓概率偏差）150米。其動力裝置為單級液體火箭發動機，使用預包裝可貯存液體推進劑。它的制導方式為慣性加主動雷達尋的制導系統，彈上主動雷達導引頭由天線、接收機、發射機、角和距離跟蹤器、電源等組成。導彈發射方式為拖車牽引，固定發射。

中國台灣「青蜂」地地導彈

裝備時間：1983年
產地：中國台灣
彈長：6米
彈徑：0.6米
起飛質量：1.5噸
最大射程：130公里

中國台灣「青蜂」地地導彈

SS-1B「飛毛腿」導彈

SS-1B「飛毛腿」導彈是蘇聯研製的液體地地近程戰術打擊武器。

SS-1B「飛毛腿」導彈的本國代號為 P–11 和 P–17。它主要用於打擊敵方機場、彈藥庫、導彈發射場、兵力集結地、指揮通信中心等目標。除裝備蘇聯陸軍外，它還出口華沙條約組織諸國及伊拉克、敍利亞、朝鮮、越南等國，有 A、B、C、D 四種型號。各型的佈局和結構基本相同，僅長度、直徑、導彈彈頭品質、命中精度有所差異。導彈彈體為圓柱形，彈頭呈圓錐狀，尾部有 4 片呈「×」形配置的切三角形穩定尾翼。從頭至尾，其依次為彈頭、儀器艙、燃料艙、艙間段、氧化劑艙和尾段。B 型導彈採用高能炸藥常規彈頭，也可攜帶化學彈頭、生物彈頭，或核彈頭。其動力裝置為一台液體火箭發動機，用煤油作燃燒劑，用硝酸為氧化劑。海灣戰爭中伊拉克曾多次使用「飛毛腿」導彈。

蘇聯 SS-1B「飛毛腿」地地導彈

蘇聯 SS-1B「飛毛腿」地地導彈

裝備時間：1955 年

產地：蘇聯

彈長：11.16 米

彈徑：0.88 米

起飛質量：5.5 噸

最大射程：290 公里

SS-21「聖甲蟲」導彈

SS-21「聖甲蟲」導彈是蘇聯拉吉納澤設計局研製的單級固體地地近程戰術打擊武器。

SS-21「聖甲蟲」導彈的本國名稱「圓點」。它主要用於攻擊戰役戰術縱深內的機場、彈藥庫、導彈發射場、兵力集結地、防空指揮所等目標。除裝備本國軍隊外，它還被捷克、波蘭、利比亞、敍利亞、也門、伊拉克等國的軍隊所採用，有基本型和改進型兩種型號。改進型導彈彈體為圓柱形，頭部呈圓錐狀，彈體中後段有 4 片呈「x」形配置的摺疊式切三角形彈翼。從頭至尾依次為導彈彈頭、儀器艙、發動機和尾段。它攜帶品質為 480 公斤的爆破型常規彈頭或核彈頭。彈頭與彈體一起導向目標。其動力裝置為單級固體火箭發動機，使用複合推進劑。

制導方式為全慣性制導系統，包括穩定平台和專用數字計算機。導彈發射方式為車載地面機動發射，發射準備時間 21 分鐘。

SS-21「聖甲蟲」導彈

裝備時間：1976 年
產地：蘇聯
彈長：6.4 米
彈徑：0.65 米
起飛質量：1.5～2.0 噸
射程：70 公里

蘇聯 SS-21「聖甲蟲」地地導彈

AA-8「蚜蟲」導彈

AA-8「蚜蟲」導彈是蘇聯三角旗設計局研製的紅外制導空空近程打擊武器。

AA-8「蚜蟲」導彈本國代號為 P-60。世界上尺寸較小、重量較輕的空對空導彈之一。

它主要用於近距攻擊有人或無人駕駛的高速機動偵察機。除裝備蘇聯軍隊的米格-23、米格-27、米格-29、蘇-17、蘇-24 和蘇-27 等作戰飛機外，還出口阿富汗、阿爾及利亞、保加利亞、古巴、印度、伊拉克、朝鮮、敘利亞、越南等十幾個國家。AA-8 導彈採用雙鴨式氣動佈局，彈體為圓柱形，頭部呈半球狀，導引頭窗口後面有 4 片矩形鴨翼，鴨翼之後約 120 毫米處設有三角形控制舵。尾部裝有 4 片翼弦較長的截梢三角形尾翼，每個尾翼的後緣上均

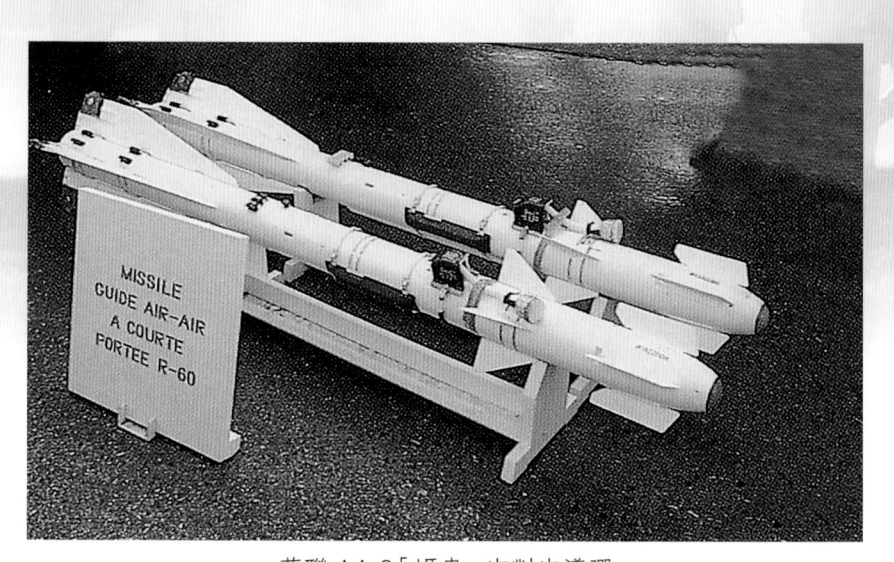

蘇聯 AA-8「蚜蟲」空對空導彈

裝有起穩定作用的「響尾蛇」式風動陀螺舵。動力裝置為一台固體火箭發動機，發動機燃燒時間約為 1.5～2 秒。制導方式為被動紅外尋的制導。

蘇聯 AA-8「蚜蟲」空對空導彈

裝備時間：1973 年
產地：蘇聯
彈長：2.9 米
彈徑：120 毫米
發射質量：43 公斤
最大射程：10 公里

「大地」導彈

「大地」導彈是印度國防研究與發展研究所研製的單級液體地地近程戰術打擊武器。

「大地」導彈又稱「普里特維」導彈，有 SS-150（基本型）、SS-250（發展型）和 SS-350、SS-450（增大射程型）4 種型號。它主要用於打擊戰役戰術縱深內的敵方機場、雷達站、後勤中心、防空指揮所等重要目標。SS-150 型導彈，1988 年 2 月 25 日首次試射，1995 年開始裝備印軍第 333 導彈團。彈體為長細比較小的圓柱體，頭部呈錐狀，彈體中部有 4 片呈「×」形配置的切三角形彈翼，尾部有 4 片同樣呈「×」形配置的小型尾翼。導彈攜帶烈性炸藥的爆破彈頭或子母彈頭，也可攜帶核彈頭。其動力裝置為單級雙室液體火箭發動

印度「大地」地地導彈

機，可根據不同載荷和射程，對發動機推力進行調節。推進劑為發煙硝酸和混胺。制導方式採用捷聯式慣性制導系統 + 全球定位系統（GPS）末端制導。

印度「大地」地地導彈

裝備時間：1995 年
產地：印度
彈長：8.59 米
最大直徑：1.1 米
起飛質量：4400 公斤
射程：150 公里

「哈特夫」導彈

「哈特夫」導彈是巴基斯坦研製的固體地地近程戰術打擊武器。

「哈特夫」導彈主要用於戰役戰術火力支援，打擊戰役戰術縱深內的重要目標。20 世紀 80 年代初研製，1989 年 2 月進行飛行試驗。它有 1 型、2 型、3 型等型號。「哈特夫」3 型導彈在 2 型基礎上改進而成。1998 年裝備部隊。導彈彈頭品質 500 公斤，其動力裝置採用 2 級分段式固體火箭發動機，起飛品質 6.5 噸，彈長 10 米，射程 600 公里。

巴基斯坦「哈特夫」2 型地地導彈

裝備時間：1989 年
產地：巴基斯坦
彈長：10 米
彈頭重：500 公斤
起飛質量：6.5 噸
射程：600 公里

巴基斯坦「哈特夫」2 型地地導彈

「侯賽因」導彈

「侯賽因」導彈是伊拉克研製的單級液體地地近程戰術打擊武器。

「侯賽因」導彈彈體為圓柱形，頭部呈圓錐形。它由導彈彈頭、儀器艙、燃料艙、氧化劑艙和尾段組成。其攜帶常規彈頭或化學彈頭，品質 500 公斤。它的動力裝置為一台液體火箭發動機。採用慣性制導系統。導彈發射方式為地面車載機動發射或固定發射台發射。導彈飛行期間頭體不分離，導彈再入大氣層時的飛行速度馬赫數為 4，在導彈着地前彈頭才脫離彈體。其 1000 公斤重的彈體和未耗盡的推進劑爆炸產生的破壞效應也可毀傷目標。兩伊戰爭中，伊拉克曾大量使用「侯賽因」導彈襲擊伊朗首都德黑蘭。1991 年海灣戰爭中，伊拉克也曾使用「侯賽因」導彈襲擊鄰國以色列和美國兵營，儘管受到 MIM–104「愛國者」地空導彈的攔截，但仍對多國部隊造成一定的威脅和破壞。

伊拉克「侯賽因」地地導彈

裝備時間：1988 年
產地：伊拉克
彈長：12.2 米
彈徑：0.88 米
起飛質量：7 噸
射程：650 公里

伊拉克「侯賽因」地地導彈

冷兵器

冷兵器是指古代戰爭中主要依靠人力、畜力、機械力的作用進行作戰的器械。

冷兵器是指古代戰爭中主要依靠人力、畜力、機械力的作用進行作戰的器械。按兵器的功能，它可分為進攻性兵器、防護裝具等；按兵器的材質，可分為石兵器、青銅兵器、鋼鐵兵器等；按作戰方式，可分為步戰兵器、車戰兵器、騎戰兵器、水戰兵器和攻守城器械等。進攻兵器有格鬥兵器、拋射兵器、攻城器械等。防護裝具有防護服裝、防護器具、守城器械等。

從原始社會晚期至北宋初年，冷兵器按所用材料的不同，可分為3個發展階段，即石器時代的兵器、青銅時代的兵器和鐵器時代的兵器。

石器時代的兵器 冷兵器的萌發階段，處於新石器時代中晚期。兵器以磨製的石兵器為代表。史前階段，不斷發生暴力衝突。一些生產工具被轉用於人類互相殘殺，成為最初的兵器。

隨着生產力的發展和私有制的萌發，原始社會逐步解體，並由部落聯盟向國家過渡。部落聯盟之間不斷發生激烈而殘酷的部落戰爭。這時，人們開始設計和製造專門用於作戰的兵器，兵器與一般生產工具分離。格鬥兵器有石矛或骨矛，用於砍殺的石斧、石鉞，用於打擊的棍棒和石錘，用於鈎啄的石戈等，還有石、骨、角或骨柄嵌石刃的匕首。遠射兵器主要是弓箭，弓是木質或竹質的單體弓，箭端裝有石製或骨、角、蚌製的箭鏃；飛石索及投擲的石球或陶球；還有原始的木弩。同時，還使用了原始的防護裝具。這些兵器與原始徒步格鬥的作戰方式與偷襲、伏擊、圍攻等簡單的戰術相適應。

青銅時代的兵器 中國進入青銅時代大約是在夏代，經商、西周、春秋到戰國，延續約2000年。

夏商時期 古代史籍中說夏代「以銅為兵」，大約是青銅兵器開始使用的時期。距今約3600年的河南偃師二里頭文化遺址已發現生產技術較成熟的青銅器。出土的青銅兵器已有格鬥兵器戈、戚和遠射兵器鏃等，鑄造工藝達到一定水平。到了商代，中國青銅兵器的製造技術已達到一個高峰。在商代晚期，用於車戰的兵器主要類型已經具備，包括戰車、青銅進攻性兵器和防護裝具。

西周春秋時期 隨着戰爭規模的不斷擴大，青銅冶鑄業有了較大發展。春秋時期已總結出適合於不同種類兵器的合金比例配方，即《考工記》中所述的「六齊（劑）」。同時創製出眾多的新型兵器，如弩機、聯裝的戟和劍等。傳統兵器鏃、戈、矛等的外形也都有改進，提高了殺傷效能。戰車的製工也更精細，軌寬減小，車轅縮短；一般駕馬四匹，為兩服兩驂。

戰國初期 青銅兵器仍保持着發展的勢頭，戰車的製作也更為精細。在車上還增加大型青銅護甲，或在軎（車軸頭）端增置矛狀長刺。車戰兵器的組合更加完善：遠射兵器有弓箭、弩；格鬥兵器有戈、戟、矛、殳，還有安裝多重戟體的「多果戟」；防護裝具有盾牌和整套的髹漆皮甲胄，並有髹漆皮馬甲。

鐵器時代的兵器 中國鐵器時代約在戰國晚期開始。由於鋼鐵冶煉技術和步兵、騎兵作戰的發展，大量的鋼鐵兵器被製造出來，投入戰爭，逐步取代了青銅兵器。鐵器時代是

中國古代冷兵器的成熟階段，直到北宋火藥兵器出現後才宣告結束。

從秦到兩漢時期 隨着封建經濟的鞏固和發展，鋼鐵冶煉技術的進一步提高，以及騎兵的成長和壯大，使鋼鐵兵器獲得全面發展。

東漢以後，鋼鐵兵器穩步發展，重點在騎兵裝備方面。南北朝時期，注重重裝騎兵，普遍使用馬鐙和高鞍橋馬鞍，提高了作戰能力。

隋唐時期 兵器生產更加規範。按府兵制，一般士兵標準裝備的兵器為「弓一，矢三十，胡祿、橫刀……皆一」（《新唐書·兵志》）。重視輕裝騎兵。

《太白陰經》

唐代兵書《太白陰經》較詳細地記述了唐代軍隊裝備兵器的情況。

中國唐代綜合性兵書。全名《神機制敵太白陰經》。唐代兵學家撰，共 10 卷 100 篇。該書對人謀籌策、攻城器械、屯田戰馬、營壘陣圖、軍儀典禮、公文程式、人馬醫護、祭祀占卜等都有論述。認為天、時、地、利只為明君賢將所利用，而不可依恃，「天時不能佑無道之主，地利不能濟亂亡之國」，戰爭的勝負主要取決於人事，以政治取勝，「以道勝者帝，以德勝者王」；強調用智用謀，不戰而屈人之兵；認為治軍應嚴明刑賞，「怯人使之以刑則勇，勇人使之以賞則死」；提倡選任賢才，網羅英雄，對將帥「先察後任者昌，先任後察者亡」；對於戰爭籌劃和作戰指揮，主張通過「示形」等手段，分散、疲憊敵人，保持自己兵力集中的優勢。應善於捕捉戰機，神速進兵，「時之至，間不容息，先之則太過，後之則不及」，一旦抓住戰機，則要「赴之若驚，用之若狂」。《太白陰經》具有樸素的辯證法思想和濃郁的道家特色，錄存了許多有價值的軍事資料，同時也有大量雜占、奇門等方面的內容。

斧

斧是古代用於劈砍的兵器，又稱長斧、大柯斧、戰斧等。其主要由斧頭和斧柄構成。在中國，石器時代已使用石斧。青銅時代，青銅斧逐漸代替了石斧。漢代，將斧柄直接插進橫貫於斧頭上銎內的斧稱為「銎（貫）頭斧」，可作兵器用。唐代有長柯斧、鳳頭斧。在歐洲，青銅時代早期就有所謂鐘杯戰斧文化，進入古典時代，希臘人和羅馬人都把戰斧視為「野蠻的」武器，很少使用。

刀

刀是用於劈砍的單刃格鬥兵器。由刀身和刀柄構成。刀身狹長，薄刃厚脊。刀柄有短柄和長柄之分，前一種多單手執握，又常與盾牌配合使用；後一種則需雙手握執，劈砍所及範圍較大。刀是古代軍隊裝備的主要格鬥兵器之一。中國新石器時代的石刀和青銅時代早期的青銅小刀，可以看作是刀的雛形。在東亞諸國，由於受古代中國文化的強烈影響，很早就在兵器中出現了鐵刀。

漢代環首刀

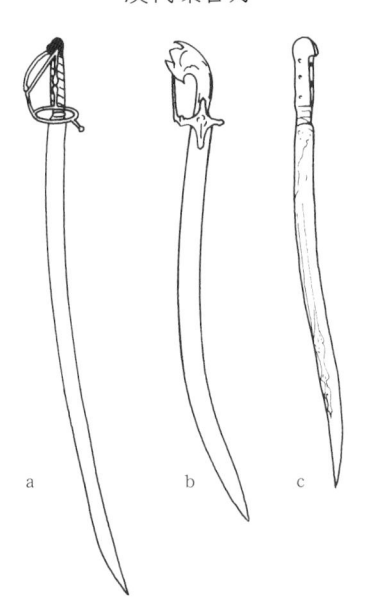

a 瑞士馬刀（17世紀中期） b 阿拉伯彎刀 c 土耳其彎刀

國外古代的刀

劍

劍是古代用於近戰刺劈的直身尖鋒兩刃短兵器。由劍身和劍柄構成。劍身修長，兩側出刃，頂端收聚成鋒，後安短柄。常配有劍鞘。在中國，劍的歷史可上溯到商代，當時北方地區的少數民族曾使用銅製的短劍。在西方，歐洲使用劍的歷史較長，從古希臘、古羅馬一直延續到近代。與中國古劍的小型劍格不同，這種劍

五代執斧武士圖

商代青銅大刀

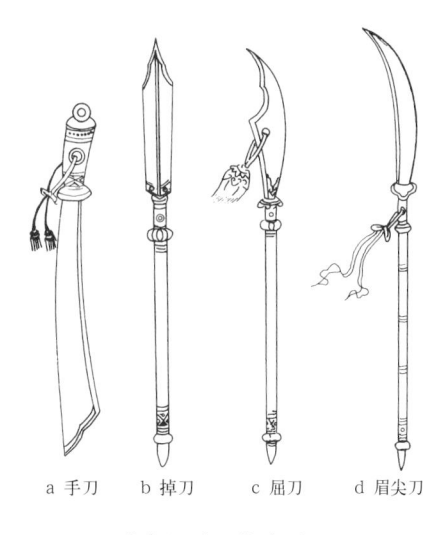

a 手刀　b 掉刀　c 屈刀　d 眉尖刀

《武經總要》中的刀

有經過精心設計的較複雜的護手，有較長的劍柄，分雙手握和單手握兩種。

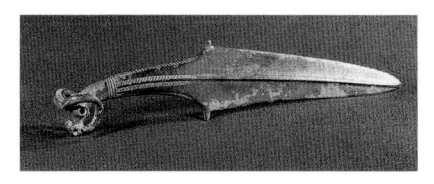

商代羊首青銅短劍

周代銅劍

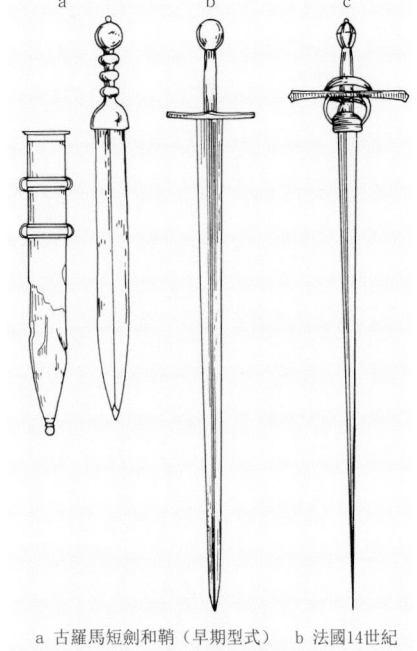

a 古羅馬短劍和鞘（早期型式）　b 法國14世紀前期鐵劍　c 德國16世紀晚期鐵劍

歐洲的劍

矛

矛是古代用於直刺和扎挑的長柄格鬥兵器。世界各國古代軍隊中大量裝備和使用時間最長的冷兵器之一。由矛頭和矛柄組成，矛頭多以金屬製作，矛柄多用木、竹、藤等製作，少數用金屬製作。矛的歷史久遠，最原始的形態是舊石器時代人類用來狩獵的前端修尖的木棒。

進入文明時代，人們掌握了冶銅技術，開始製作銅質矛頭。至少於公元前 30 世紀，在埃及和兩河流域已出現了銅矛。

漢代銅吊人矛

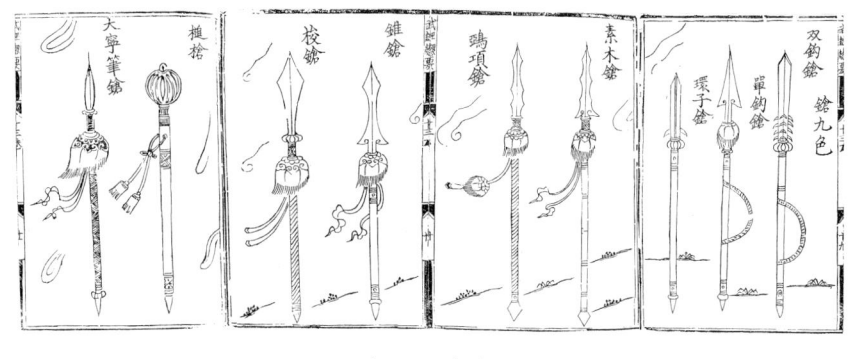

歐洲中世紀騎兵用長矛

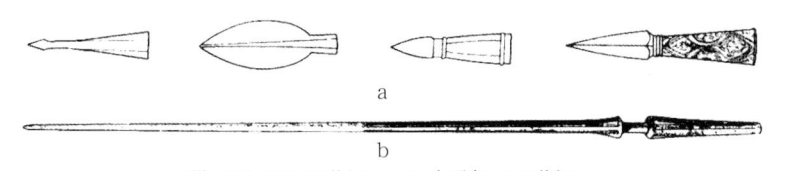

a 鐵矛頭（15-16世紀）　b 木矛杆（16世紀）

《武經總要》中的槍九色

鈹

鈹是中國古代用於直刺的格鬥兵器。鈹的刃窄長呈劍形，與�很相似；但鈹以骹裝柄，而且骹與刃之間有兩端上翹的橫格，與鈹不同，故《說文》稱鈹是「鈹有鐔也」，鐔即格。鈹流行於秦漢時期。鈹頭的刃部多以鐵制，格常用銅制，也有些鈹頭全用銅製成，河北、河南、內蒙古等地的漢墓中有實物出土。鈹可裝長柄，也可裝短柄，湖南長沙馬王堆 3 號漢墓出土的竹簡中記有卒從分別「執短鈹」和「操長鈹」。

鈎鐮槍

鈎鐮槍是中國古代用於直刺和鈎殺的長柄格鬥兵器。外形略似戟，前有鋒利槍刺，旁有曲刃似鐮，後接長柄。宋代就已出現此類兵器。北宋慶曆年間刊印的《武經總要》記有單鈎槍、雙鈎槍，明天啟元年（1621 年）刊印的《武備志》記有鐵鈎槍。但鈎鐮槍的圖形最早見於清代《皇朝禮器圖式》。在作戰中，鈎鐮槍可以直刺和鈎

殺敵人，也可用於攻守城，在水戰中可割斷敵船繩索。

鈎鐮槍

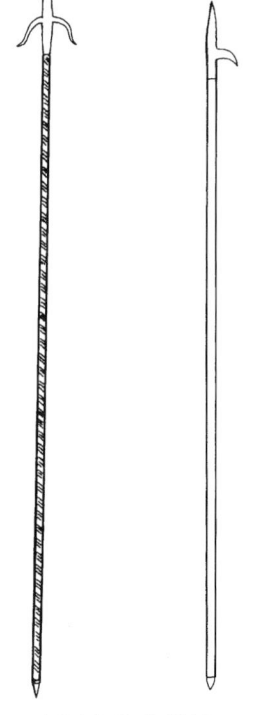

中國古代鈎鐮槍

戈

戈是中國古代用於鈎、啄的格鬥兵器。商周時期凡與戰爭有關的象形文字常繪有戈的圖像，至今漢字中「武」、「戰」、「戎」等字還均從戈，即淵源於此。戈由戈頭和柲（柄）組成。標準形態的戈頭以青銅鑄制，分為前後兩部分。前部稱「援」，上下有刃，前有尖鋒；後部稱「內」，用以裝柲固定，其上多有穿繩縛柲用的孔，稱為「穿」。戈頭橫裝於柲上。柲多為竹、木質，長短視用途而異。

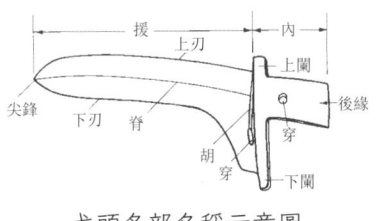

戈頭各部名稱示意圖

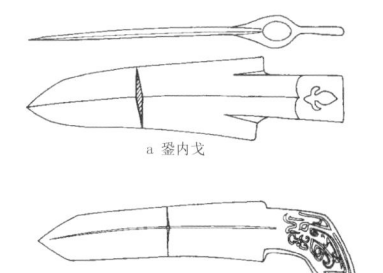

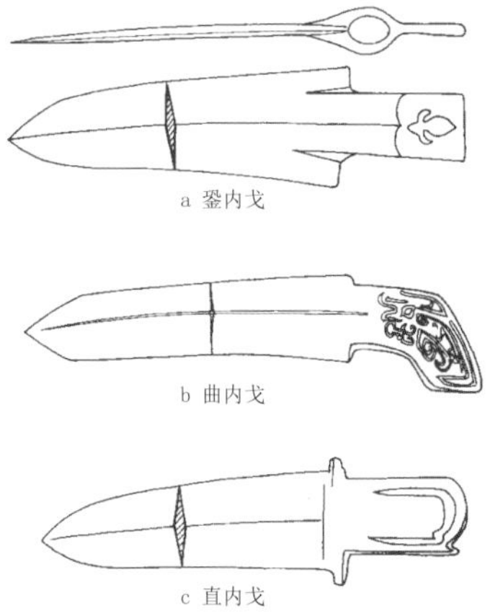

商代三種裝柲方式的戈頭

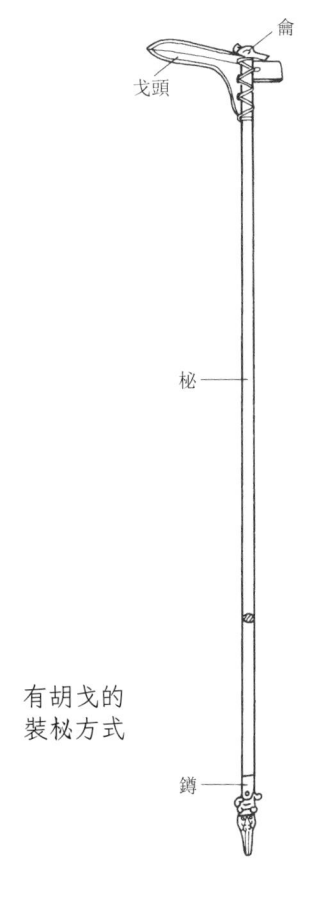

戈頭

柲

有胡戈的
裝柲方式

鐏

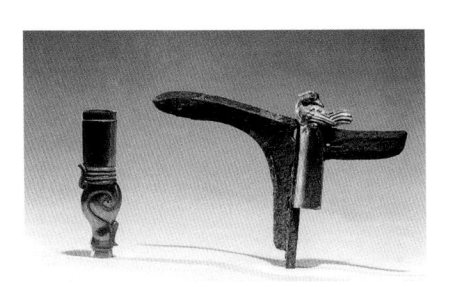

漢代金飾銅戈

戟

戟是古代把戈的鈎、啄和矛的直刺功能結合在一起的格鬥兵器。其由安刺的竹木質戟柄和金屬的戟頭組成。早期的戟頭係青銅鑄造，戰國末年才出現鋼鐵製品。按照戟的長度和使用情況，可分為：「車戟」，戰車上使用，《考工記》記其長一丈六尺（約合3.2米）；「短戟」，步兵使用；「馬戟」，騎兵使用，長度介於前二者之間。還有一種單手握持的短柄戟，稱作手戟，因可雙手各持一柄，同時並用，故又稱雙戟。

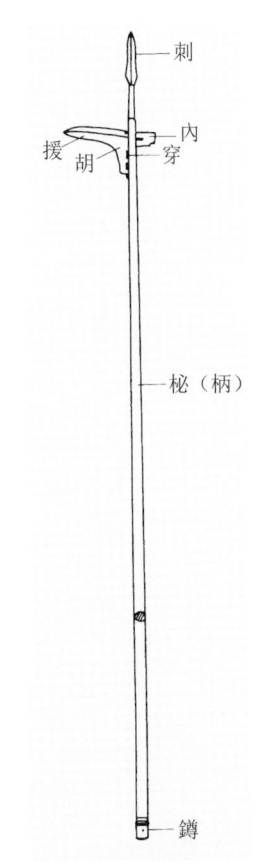

刺

援　　內
胡　　穿

柲（柄）

鐏

戟構造圖

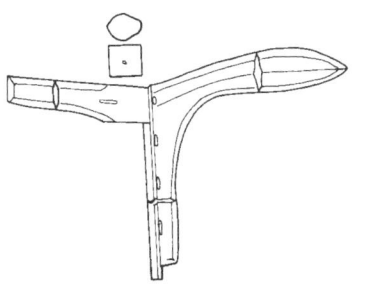

a 周代銅戈

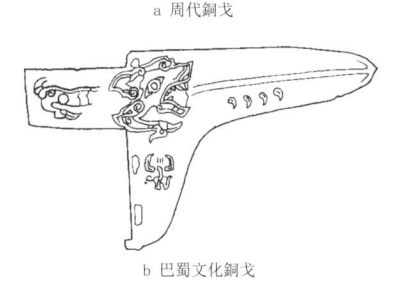

b 巴蜀文化銅戈

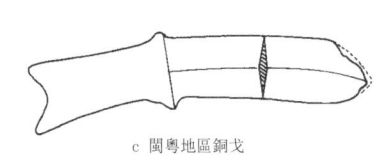

c 閩粵地區銅戈

中國少數民族地區出
土的青銅時代銅戈

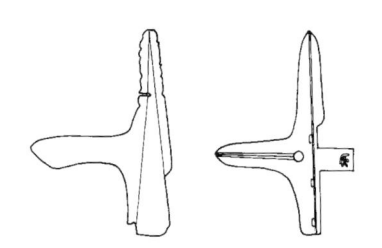

西周「＋」字形銅戟

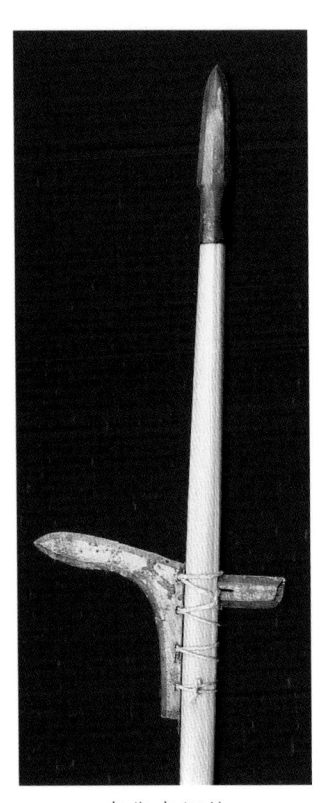

秦代青銅戟

a 西班牙制（16世紀） b 瑞典制（16世紀後半葉）
c 英國制（18世紀末） d 法國制（1400-1450年）

歐洲中世紀的戟類兵器

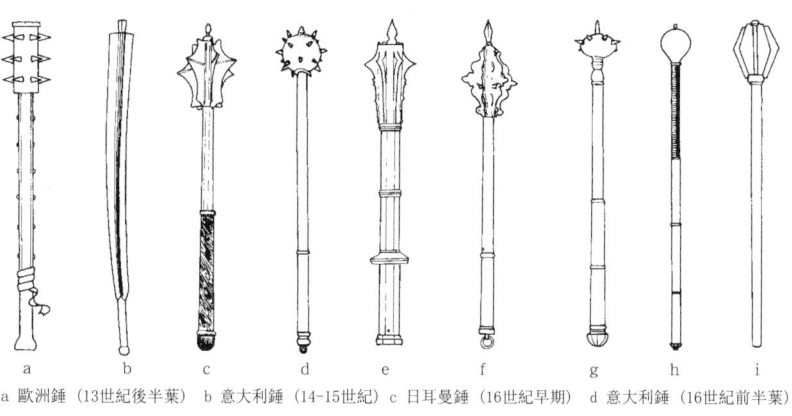

a 歐洲錘（13世紀後半葉） b 意大利錘（14-15世紀） c 日耳曼錘（16世紀早期） d 意大利錘（16世紀前半葉）
e 奧地利錘（15世紀末） f 歐洲錘（16世紀中葉） g 中歐或東歐錘（17世紀） h 東歐錘（16-17世紀）
i 土耳其錘（17世紀初）

外國戰錘

戰國「卜」字形鐵戟

錘

錘是古代頭部呈球狀的打擊兵器。中國古籍中常稱為椎、槌（鎚）、骨朵、金瓜等。主要有兩種組合方式：一種是由錘頭和短柄組成，單手握持，錘頭有石質、銅質和鐵質，柄多為木質，也有鐵質，甚至和錘頭一體鑄成；另一種是在錘頭上繫以繩索，靠投擲擊敵，稱流星錘。錘頭除球形外，還有瓜形、蒜頭形，或有棱有刺。錘不但作為武器使用，還常常成為儀仗或儀衛用具。

鄂爾多斯式銅錘頭

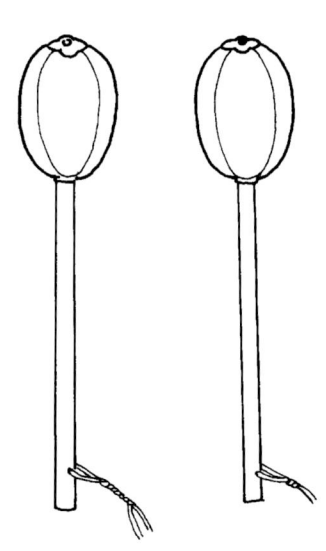

清代雙錘

叉

叉是古代用於直刺和叉挑的長柄格鬥兵器。由叉頭和木柄組成。叉頭有二股和三股。在中國古代，叉原是生產工具，後被用作兵器。叉還是中國傳統的武術器械之一。歐洲一些國家把叉作為兵器使用的歷史也很悠久。它們的發展演變同中國一樣，也是在生產工具的基礎上改造而成的，形制大多為兩股叉。在11～13世

紀的十字軍東征中曾大量使用叉。直到 20 世紀初期，在一些國家的農民戰爭中還沿用叉。

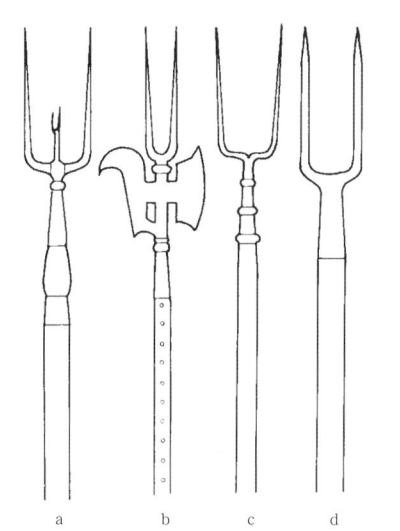

a 法國制（16世紀後半葉）　b 薩伏依公國制（1580）
c 歐洲制（17世紀後半葉）　d 瑞士制（17世紀末）

歐洲軍用叉

鐵鞭

鐵鞭是中國古代鐵製短柄笞擊兵器。據北宋慶曆年間刊印的《武經總要》記載，鐵鞭形似竹節，有柄，表明源於竹鞭。在先秦時期，鞭為革製或竹製，曾作為刑具。《國語·魯語》記：「薄刑用鞭撲，以威民也。」五代時，出現了鐵鞭。宋代以後，軍中使用鞭漸多。由於鐵鞭無利刃，靠技巧和力量取勝，所以它始終不曾大量裝備過軍隊，只是作為個別將領使用的兵器。

啄

啄是中國古代用於啄擊的格鬥兵器。在雲南滇池地區青銅時代晚期（公元前 5 世紀～公元前 2 世紀）的遺址中曾出土一種青銅兵器，鋒刺細長銳利，末端有銎以納柄，鋒刺與柄銎以直角相交成「T」形。從形體判斷，其功能應是啄擊，考古學者因而將其命名為「啄」，並根據鋒刺的形狀將其區分為兩種型式：一種刺鋒成尖錐形；另一種刺鋒齊平，有利刃。它是當時活動於滇池地區的滇族所創製和使用的，常帶有富於濃郁民族特色的裝飾。

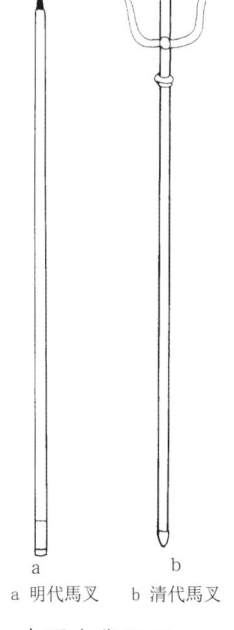

a 明代馬叉　b 清代馬叉

中國古代馬叉

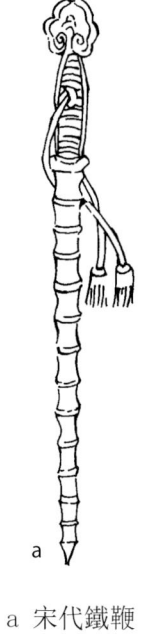
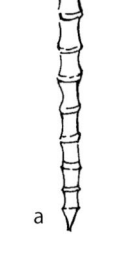

a 宋代鐵鞭　　　b 連珠雙鐵鞭

中國古代鐵鞭

a 江川出土東周銅啄　　b 晉寧出土西漢銅啄

古代滇族銅啄

弓

弓是古代彈射兵器。由有彈性的弓臂和弓弦構成，在拉弦張弓過程中積聚的力量於瞬間釋放時，可將扣在弦上的箭或彈丸射向目標。中國在原始社會已使用弓矢。東周時，製弓技術日趨規範化。中國古代軍隊歷來重視使用弓箭。輕裝騎兵的武器以弓、刀等兵器為主。在西亞和歐洲，單體弓、合體弓和複合弓在公元前均已得到長足發展。亞述、克里特和斯基泰的射手都在歷史上留下了自己的輝煌戰例。

甲骨文　　　　　金文

甲骨文、金文中有關弓的象形字

弩

弩是古代裝有弓和控弦裝置的遠射兵器。它將弓裝在弩臂上，並用弩機控制弦的回彈，因而可以延時發射。由於弩將張弦裝箭和縱弦發射分解為兩個單獨動作，無須在張弦的同時瞄準，比弓顯著提高了命中率；還可借助臂力之外的其他動力（如足踏）張弦，使其強度超過弓，達到比弓更遠的射程。中國是世界上最早用弩裝備正規軍並使之在戰場上發揮重要作用的國家。

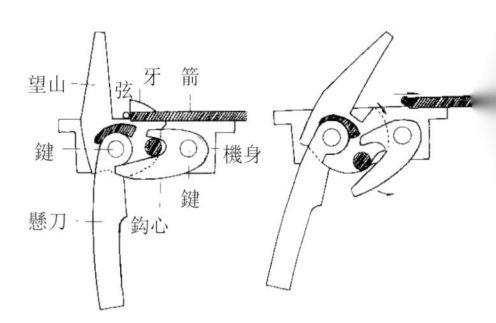

漢代弩機結構原理圖

箭

箭是借助弓、弩發射的具有鋒刃的遠射兵器。中國古代又名矢。由箭鏃、箭杆、箭羽組成。箭鏃用於射殺目標，箭杆用於承載箭鏃和箭羽，箭羽使箭在飛行中保持穩定。約3萬年前，中國已使用弓箭。歐洲古代和中世紀的箭形制與中國古箭差別不大，但箭杆都用木製，主要採用白楊木。箭鏃也經歷了從早期的骨、石鏃

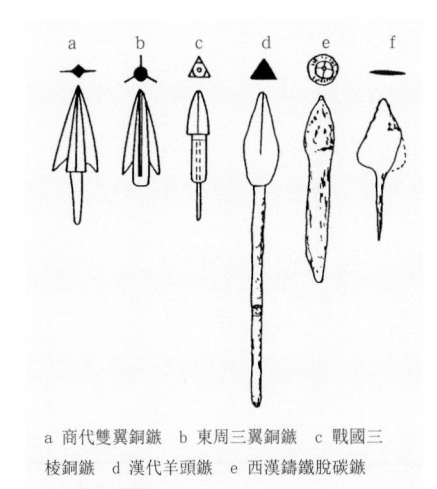

a 商代雙翼銅鏃　b 東周三翼銅鏃　c 戰國三棱銅鏃　d 漢代羊頭鏃　e 西漢鑄鐵脫碳鏃　f 東漢鍛造鐵鏃

中國古代箭鏃

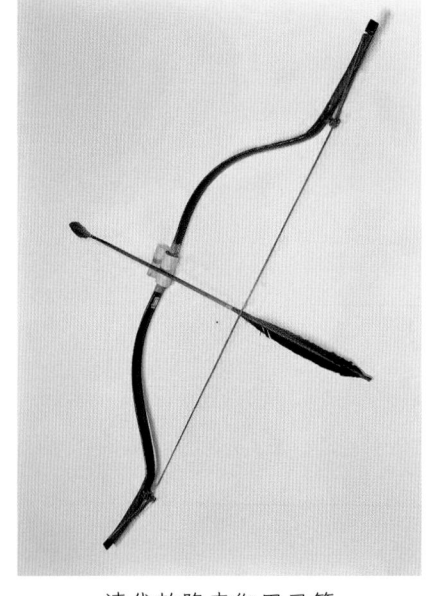

清代乾隆帝御用弓箭

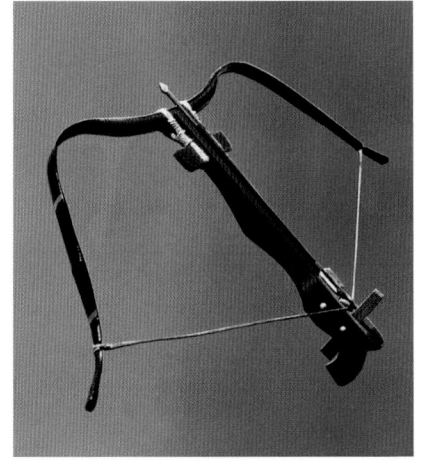

漢代弩復原模型

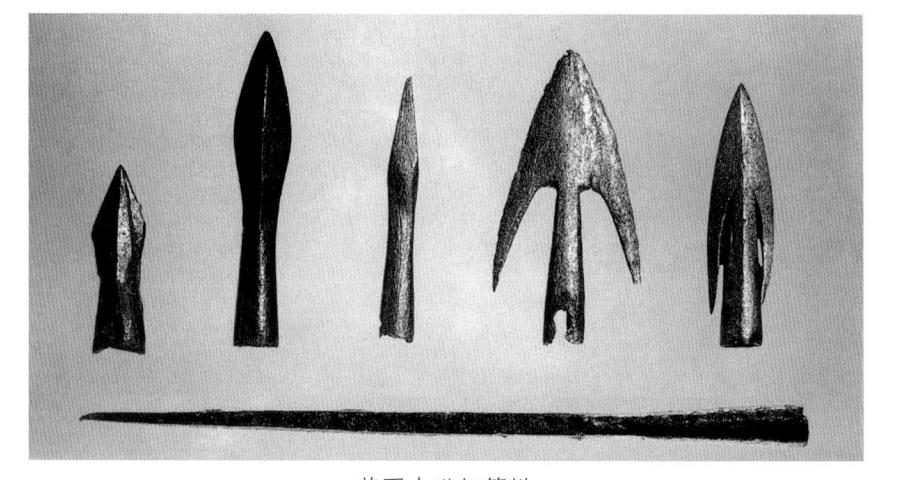

英國中世紀箭鏃

到青銅鏃，再到鐵鏃的發展過程。中世紀時主要使用以生鐵製作的尖葉形鏃。

飛石索

飛石索是古代以石彈丸為主要拋射物的小型拋射武器。它是將盛放彈丸的兜囊繫結於短棒的端頭，通過甩動短棒將彈丸拋向目標。飛石索的質料大多為麻質或皮質。飛石索可能是人類發明和使用得最早的拋射武器。歐洲中世紀，飛石索在攻守城戰鬥中也有所使用，至中世紀晚期之後便從戰場上消失。但在世界上一些民族中，飛石索作為狩獵和戰鬥的工具，一直到19世紀末20世紀初仍有使用，如中國雲南的納西族等。

中國納西族的雙股飛石索

拋石機

拋石機是古代戰爭中主要用以拋射石彈的大型戰具。西方通稱為機械砲；中國古代多稱之為砲（或寫作礮），又稱之

為飛石、拋石、雲等。火炮出現以前，拋石機是古代攻守城作戰的主要兵器。拋石機由機架、安裝在機架上的拋射杆和動力裝置三大部分構成。中國古代的拋石機（砲）主要是利用杠杆原理來拋射石彈。拋石機非常笨重，不便移動，故在歐洲和中國古代主要都是用於攻城和守城作戰。

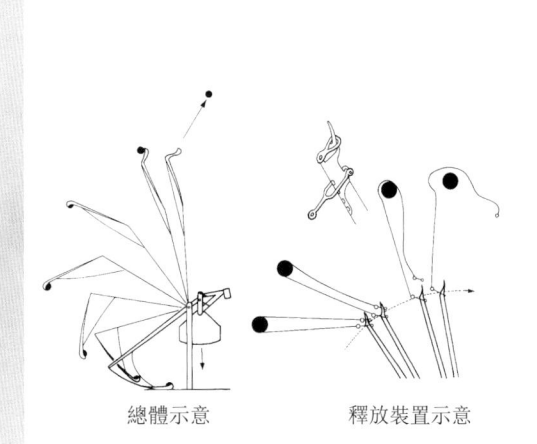

總體示意　　　釋放裝置示意

歐洲中世紀杠杆拋石
機發射示意圖

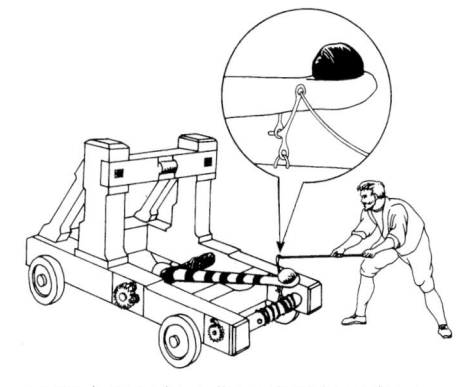

歐洲中世紀扭力拋石機發射示意圖

鎧甲

鎧甲是古代將士披掛在身上的防護裝具。中國先秦時期稱「甲」、「介」、「函」等，主要以皮革製造，也出現有青銅製品。戰國後期，開始用鐵製造，改稱從「金」的「鎧」，皮質的仍稱「甲」。在東亞地區，朝鮮半島和日本列島上諸古代民族的鎧甲都是中國古代鎧甲影響下的產物。就某種意義來說，現代軍隊裝備的鋼盔和防彈衣等防護裝具，仍可以視為古代鎧甲的延續和發展。

英國 16 世紀騎士鎧甲

胄

胄是古代將士用於防護頭部的裝具。在中國古代，胄又稱兜鍪、頭鍪、盔等。由於它常與護體的鎧甲配套使用，所以「甲胄」一詞遂成為中國古代防護裝具的統稱。在人類開始冶煉金屬以前，胄多以藤、皮革等材料製作。當掌握冶金技術以後，雖然人們還繼續使用皮胄，但主要改用金屬製作，以增強防護功效。先用青銅，後用鐵或鋼。在中國，目前發現的最早青銅胄，製作時間不早於公元前 14 世紀，多發現於河南安陽殷墟。

秦　　　　　西漢

南北朝　　　隋　　　唐

兜鍪
披膊
身甲
垂緣
膝裙
臂護
吊腿

中國古代甲胄防護部位發展示意圖

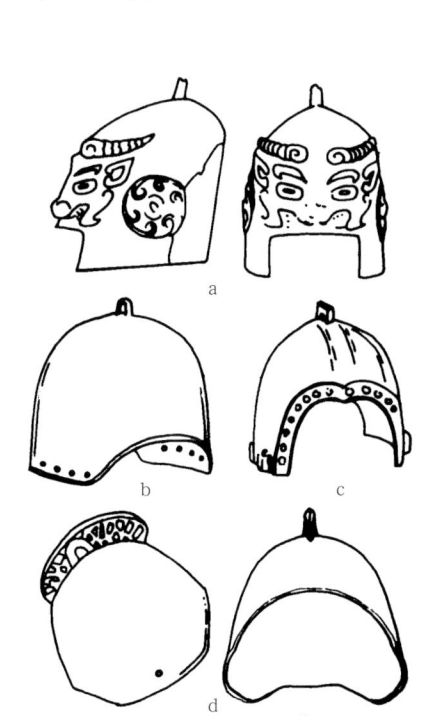

a、b 商代銅胄　c 東周初期銅胄　d 西周銅胄

商周銅胄

戰國鐵兜鍪復原模型

戰國水陸攻戰紋銅鑒上的雲梯紋

日本古墳時代的鐵胄

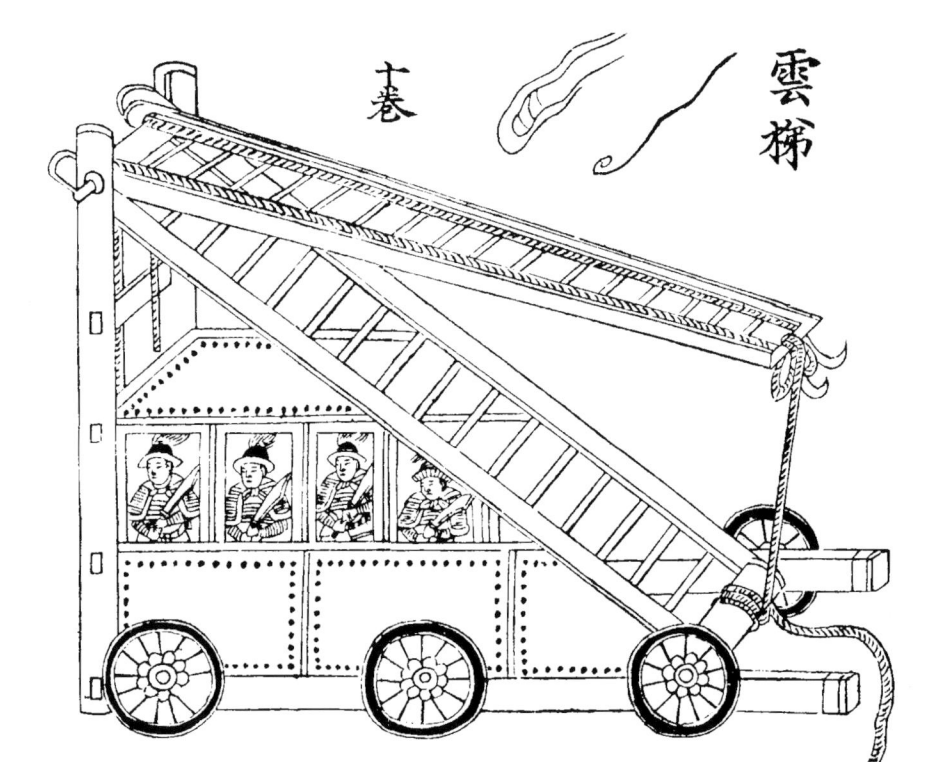

《武經總要》中的雲梯

雲梯

雲梯是古代戰爭中用以攀登城牆的攻城器械。它由一般的梯子發展而來。戰國時期的雲梯，從戰國水陸攻戰紋銅鑒上的圖案判斷，係由三部分構成：底部裝有車輪，可以移動；梯身可上下仰俯，靠人力扛抬，倚架於城牆壁上；梯頂端裝有鉤狀物，用以鉤援城緣，並可保護梯首免遭守軍的推拒和破壞。在西方，中世紀以前，雲梯也是常用的攻城器械。西方的雲梯大致有普通長梯子、活動雲梯和掛鉤雲梯等幾種。

火銃

火銃是中國元明時期對金屬管形射擊火器的通稱。又稱火筒。銃身用銅或鐵鑄造，以銅為多。有單管銃和多管銃兩大類。係由宋代竹火槍發展而

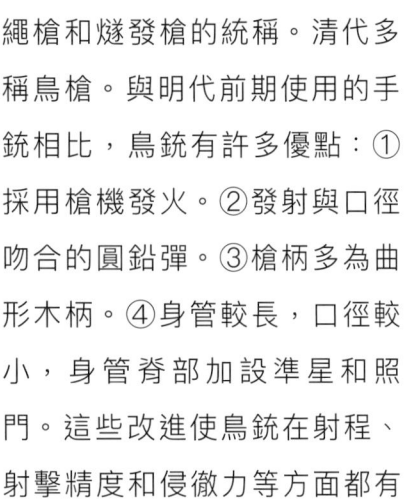

元代至順三年
銅盞口銃 元代至正辛卯
銅手銃

明初寶源局製造的銅火銃

鳥銃

鳥銃是中國明代後期對火繩槍和燧發槍的統稱。清代多稱鳥槍。與明代前期使用的手銃相比，鳥銃有許多優點：①採用槍機發火。②發射與口徑吻合的圓鉛彈。③槍柄多為曲形木柄。④身管較長，口徑較小，身管脊部加設準星和照門。這些改進使鳥銃在射程、射擊精度和侵徹力等方面都有明顯的提高。「即飛鳥之在林，皆可射落，因是得名」（戚繼光《練兵實紀·雜集》）。又因槍機端部形似鳥嘴，故又名鳥嘴銃。

古代戰車

古代戰車是古代主要以馬匹牽引，用以乘載將士作戰的木質車輛。世界範圍內，最早使用戰車的是兩河流域的蘇美爾人。在公元前 30 世紀中葉前來，為元明軍隊的重要裝備。盛行 200 多年的明代火銃，不但對明代的軍事產生重要影響，而且促進了朝鮮的火器製造。據《高麗史·兵志》《戎垣必備》等文獻記載，朝鮮自 14 世紀末至 16 世紀以後，已製成數量較多的手銃、碗口銃及各種多管銃，均與明王朝所製同類火銃相似。

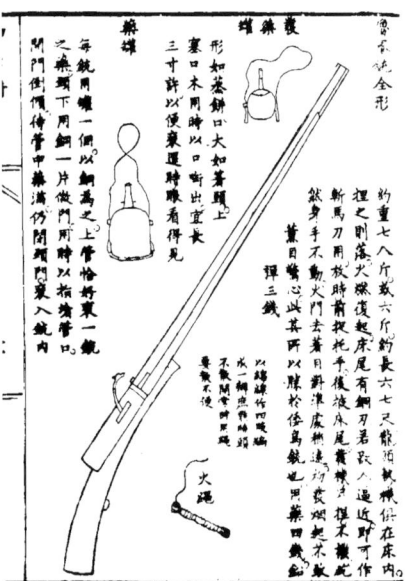

《神器譜》中的魯密銃

清代鳥槍

古埃及戰車

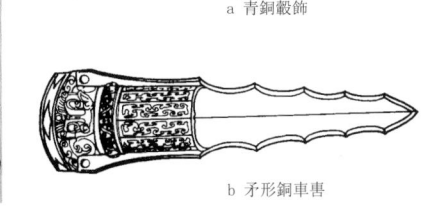

周代青銅車器

秦始皇陵 1 號銅車馬

《籌海圖編》中的大福船

《武備志》中的聯環舟

期的蘇美爾人木板鑲嵌畫和石刻浮雕上有戰車的圖像,其結構是獨輈,2 輪或 4 輪,輪上沒有輻條,用驢駕引,載有駕車手和長矛手。在中國古代文獻中,戰車還有兵車、革車、武車、輕車和長轂等名稱。根據記載,夏代(公元前 2070 年～公元前 1600 年)已有戰車和小規模的車戰。

等;小型的是用於哨探巡邏的快船,如「遊艇」「赤馬舟」等。縱觀歐洲古代海戰,沿用最久的戰船船型首推蓋利。其次為維京船。其他如巴爾的摩快帆船。

古代戰船

古代戰船是古代為作戰目的製造或改裝的船舶。一般是木質船體。中國古代戰船一般可分為大、中、小三種類型。大型的是主力戰船,如「艦」和「樓船」;中型的是用於攻戰追擊的戰船,如「艨艟」「先登」

《武經總要》中的海鶻船

致　謝

圖　片

「火炮」一章插扉，中國圖庫；「高射炮」一章插扉，曹勵雲；「裝甲車輛」一章插扉，吳蘇琳；「工程裝備」一章插扉，廖志勇；「防化裝備」一章插扉，視覺中國；「輕武器」一章插扉，廖志勇；「艦艇」一章插扉，中國圖庫；「潛艇」一章插扉，中國圖庫；「勤務艦船」一章插扉，廖志勇；「艦載機」一章插扉，廖志勇；「飛機」一章插扉，劉逢安；「彈道導彈」一章插扉，《中國戰略導彈部隊百科全書》；「反坦克導彈」一章插扉，劉逢安；「戰術導彈」一章插扉，《中國戰略導彈部隊百科全書》；「冷兵器」一章插扉，視覺中國；正文中其他圖片主要來自《中國軍事百科全書》武器裝備Ⅰ卷和武器裝備Ⅱ卷。